目 錄 |

為女人解密

停經後可以更精彩

男人那話兒

感言結語

代序 ——
解 開 病 人 心 裏 疑 惑

很榮幸可以為鄭曉蔚醫生寫代序，這個邀請既驚又喜，驚的是怕自己寫得不夠好，喜是可以為她的著作付出小小心意。

認識鄭醫生應該是由沙士開始，那時很多同事都轉移到其他病房幫手，而我和她就留守在婦產科病繼續奮鬥！雖然只是短短一個半月的時間，但也建立起一段共同抗疫的情誼！

及後她醉心於醫美方面的工作，而且至今仍然充滿熱誠。她是一位很投入和很細心的醫生。她不只照顧病人的外觀，有時還會替病人解開心裏的疑惑！雖然我是在婦產科工作超過 20 年的一位醫生，但總會遇到一些病人恥於出口的問題，例如陰道鬆弛或滲尿問題，雖然有其他方法幫到病人，但大多數都不願做手術去處理，而藥物幫助又有限！幾年前我在一個醫學會議上，知道有一些非入侵性的治療如激光治療，但也知道在香港並不是很流行。

直到後來，我知道鄭醫生引入這些儀器和技術！遇上一些病人有這方面的需要時，也可為她們提供多一個選擇，及後從鄭醫生口

中知道病人情況得到改善，我也感到很欣慰！希望如果有病人看了這書的內容，可以得到啟發及願意尋求幫助！

李莉醫生

婦產科專科醫生

香港大學內外全科醫學士

英國皇家婦產科醫學院院士

香港醫學專科學院院士（婦產科）

香港婦產科醫學院院士

香港大學醫療科學碩士

英國皇家婦產科醫學院榮授院士

香港婦產科學院婦科腫瘤分科認可証書

代序 —— 惜情惜「性」

「性」從來是探索人類的本質和生命的奧秘的本源，不論是生物學上的繁殖，還是情感的聯繫，「性」都扮演着一個重要的角色。然而，就算時代進步，對「性」這個字，在香港社會上仍然有一定的忌諱。我們甚少在學校或者家庭內得到相關知識，彷彿討論「性」就是一個禁忌。我們當然可以透過網上大量的資料去認識「性」，但這些資訊孰真孰假？我們又可以從哪裏核實資料的準確性？

我與 Vivian 的認識，在於一次有關女性更年期陰道微生態改變的研究。我的研究方向主要是微生態（microbiome）與人體健康的關係，與 Vivian 所處的醫學美容專業好像有點風馬牛不相及吧？所以當 Vivian 與我討論並解釋這個題目的重要性時，我了解到她不單單是一位為病人帶來健康及美麗外表的醫生，她同時是一位會照料病人心靈健康的心靈醫生。

香港人的壽命在世界上名列前茅，而香港女性的壽命更在世界上「考第一」，可想而知隨着年齡增長而帶來的相關疾病會上升，

包括陰道的問題。礙於有限的相關知識及避忌，女性對自己陰道的問題可能一知半解，甚或不知道會影響與另一半的關係。透過改善陰道的微生態，使更年期女性不再受陰道相關問題困擾，更可提升她們整體的生活質素。從我們的研究過程中，我可感受到 Vivian 對改善女性生活質素及推動女性私密健康的熱情及不遺餘力。

Vivian 將會於這本書打破禁忌，透過不同的個案，輕鬆地增進大家的醫學知識，並澄清了坊間很多謬誤。Vivian 將會帶領我們探討「性」這一個充滿着奇異和美麗的領域，期望各位讀者都「性」福滿滿！

戴自城博士
香港理工大學應用生物及
化學科技學系助理教授
香港理工大學腸道益生菌益生元與
人類健康實驗室主任

代序 ——
香港女性的
「私密寶鑑」

認識鄭曉蔚醫生多年，她一直是一位敬業樂業，對醫學充滿熱誠的好醫生。之前的兩本著作《拆解黑心醫美》及《蔚美醫言》為大家揭曉業內鮮為人知的秘密，拆解了很多迷思，讓人大開眼界。而今次《知情知性》更加大膽觸碰「性」及「女性私密」的話題，簡直是期待值爆燈。

作為傳媒人，我也很同意鄭曉蔚醫生的看法。儘管時代進步，可是在主流媒體上公然討論「性」話題，大家仍會顯得禁忌多多，綁手綁腳，不能暢所欲言。不要說在媒體上，即便在私人場合三五知己喝酒聊天，論盡天下八卦男女事非之際，只要一觸及自己和另一半的性生活，甚至「私處問題」，大家也往往羞於啟齒，有口難言。

難得鄭醫生走出一步，將自己多年研究成果以及珍貴的真實個案故事公開，讓大家都可以在其中找到共鳴，甚至解決辦法，實屬

可貴。相信這是一本屬於全香港女性的「私密寶鑑」，為大家打開一扇禁忌之門，從中更加了解自己，為下一個階段更加自信、更加美麗的自己做好準備。

岑應
電視節目《盛女愛作戰》、
《嫁到這世界邊端》編導

自序 ——
衝破禁忌、
大膽討論、
不再私密

執筆編寫這本《知情知性》之前，曾經過多年的深思熟慮，思前想後才作出這個重大的決定！因為關於性的題材，在香港這個社會至今依然是十分敏感及禁忌多多，況且《知情知性》所涉及的範圍甚廣，由年輕人到停經後的種種性事，由女士的私密處到男士的命根兒，無不深入討論。探討的不只是醫學上的問題，還有情感上的困擾，及性愛上的細節。加上 30 個真實個案，既需要有所修飾點綴，才能保護病人私隱；但又要保留故事的原汁原味，才能將情感切切實實地呈現眼前，帶出當中隱含的真正意義，籌備時才知此舉困難重重！

自從豁出去自立門戶後，已展開了私密治療，一做就差不多 10 年了！隨着年紀漸長，女士身體開始出現不同的狀況，不論是職業女性、產後媽媽、更年期婦女，都有機會遇到不同的私密處問題。從事私密治療這 10 年間，見證了不同年齡層的女士各式各樣的私密困擾，包括年輕女性的分泌異常、陰部痕癢、陰唇形態或顏色變化；產後婦女的陰道鬆弛、小便失禁；停經女士的陰部

乾澀、痕癢、灼熱、行房刺痛、小便赤痛等。儘管這些問題並不會危及生命，卻嚴重影響身心健康及生活質素，因此必須鼓勵女士們予以正視及處理。

香港女性人口比男性為多，而且人均壽命冠絕全球，社會上遂有不少關注女性權益之機構及運動。唯香港女性對自己私處的認識卻不多，縱然學校有青春期及性教育，然而課堂上並沒深入探討女性的私密健康。女士們對自己處於不同年齡層的私密狀況認知有限，礙於傳統的觀念亦令大家避而不談，往往到私密處出現問題時不知所措。友伴間避談，缺乏認知，以為私密困擾是女性必然會遇到及經歷的事，不懂得預防及保養，錯誤觀念就在惡性循環中被流傳下來。

女性如何去了解自己的私密需要？該如何糾正這方面的迷思？正因如此，在過去的日子我與慈善機構「心暖心輔導中心」合作，推動全港首個關注女性私密處之活動——「私密革命」，希望以「不再避而不談，捍衛私密健康」的口號，提高女士們對私密健康的關注，教育大家預防勝於治療，令她們擺脫傳統謬誤，接收正確信息並正面討論私密健康。是次活動亦得到港鐵和天星小輪的支持，贊助廣告展示屏幕協助宣傳，傳遞健康信息。

全港首個「私密革命」活動

感謝港鐵和天星小輪贊助廣告屏幕，協助「私密革命」的宣傳。

另外，為了喚起女士們對更年期的關注，我聯同本地大學進行全港首項關於更年期陰部問題修陰儀器治療的醫學研究，而且取得成果，研究報告今年已於國際醫學雜誌《Journal of Cosmetic Dermatology》（JCD）上發表。進行是次更年期研究，雖然花費不少心力和時間，但可以整理出有關更年期陰部的數據及趨勢，為香港女性提供更多科研結果，藉此改善絕經後婦女的陰部困擾，也是值得的！香港女性一般對更年期的認識並不足夠，營營役役大半生之後，到了更年期親身面對之時，方不知所措。每個女士都有機會面對更年期，而且是漫漫長路的困擾，應以正確的心態去面對更年期所帶來的種種問題。

網站頁面來源：http://doi.org/10.1111/jocd.16251

「情」與「性」是人生中不可或缺的兩部份！親情、愛情、友情等編織成我們的情感世界，有了「性」才能繁衍後代，將情感延續下去。深入體會「情」與「性」的微妙細膩，才能感受兩者所蘊含的深層意義。一次完美的性愛，就像一餐 Fine Dining，二人會悉心打扮，盛裝出席，盛宴有餐前小吃、美酒、前菜、主菜、甜品等，配上浪漫的氛圍、環境情調和背景音樂，讓雙方更感滿足和享受，以達致圓滿幸福的性愛，但偶爾也許來一個快餐，或是一個人的獨食，亦能快樂回味。

時代進步，科技發達，今時今日一部手機已經掌控了生活的大小事務，超越了我們所想。醫學上更加一日千里，過往只能接受自然老去，承受身體變化，現今醫藥先進，人類已進展到可以收緊提升、去除皺紋、美白去斑、收細毛孔、改善凹凸洞、增肌減脂等等，締造更完美的外表；私密治療方面，亦有不少的選擇，技術發展日新月異，可以解決各年齡層的困擾，不必再默默忍受了，帶來更美好的生活！

此書衝破禁忌，透過 30 個真實改編的故事，徹徹底底地描繪各種「情」與「性」，大膽地討論每個情節，拆解和分析形形式式的私密問題，讓大家「知情知性」，讀得更有趣味，令醫學知識不再乏味，讀者們有所共鳴，有所得着。

鄭曉蔚醫生
Dr Vivian Cheng

性愛解畫

打破忌諱，以故事帶出性愛的深層意義，直白地展示男女性交時遇到的種種問題。從情感與性愛之間的微妙關係，到性行為對女性身心健康的影響，解開性愛迷思和感情困境，重新詮釋愛情與親密的真諦。

妳 不 夠 「 濕 」 等 於 不 愛 我 ？

常說「愛情飲水飽」，難道行房時女性分泌的「愛液」，也會因為愛情而變得「澎湃洶湧」嗎？

這天來了一位才 30 歲出頭的年輕媽媽 Olivia，兒子快將 10 歲了，媽媽不但樣子青春無敵，身材也保持得非常苗條。經歷過婚姻失敗的她從未放棄過愛情，一直期望再找到幸福。事實上她亦已另有男朋友，男友還曾陪她到診所來進行修陰機療程，本應是甜蜜不過的感覺，但兩人卻常為了一點小事，在我面前吵起來。作為醫生實在不便插手情侶間的事情，但看在眼裏卻實在不明所以：明明相愛，何以一丁點雞毛蒜皮的事就吵得面紅耳熱呢？

猜疑和妒忌　情趣變怨懟

Olivia 雖然已有兒子，但仍有一顆少女心，愛看韓劇追歐巴。有次晚上沉醉在韓劇的男女愛情故事中，沒有留意身傍的男友跟她說甚麼，回過神來再問男伴，結果就吵起來了，原因竟然是呷醋女友睇韓星！更別說有時接女友放工時，看見她和男同事多說兩句，男友醋意就更濃，吵得就更厲害，這樣長此下去難免傷害感情。

在幫 Olivia 進行修陰機治療時，她突然向我訴起苦來，原來二人

的個性都屬於「敏感型」，容易猜疑和妒忌。他倆猶如兩個醋罎，少少火花就會起火，初初走在一起時，吵鬧也許是情趣，但日子久了，吵鬧便會多了怨懟。

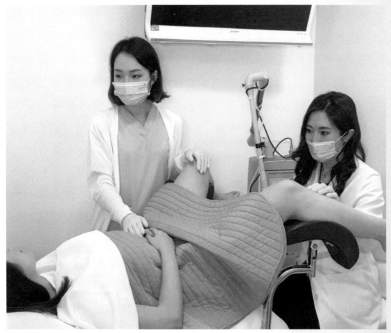

Olivia 進行修陰機治療時，突然訴起苦來。

「鄭醫生，你說行房時女人的分泌多少，跟愛情有關嗎？他不知是從哪兒來的性知識，總是說我太乾，分泌太少，『愛液』不夠，這是沒有對他動情，問我是否不愛他？真被他激死了！我不是不愛他，也不是沒有動情啊，但分泌多少實在我也控制不了，我也苦惱呢！他不但不諒解，還常常在行房後為這事大吵大鬧！」

亂信催情藥　玩命也不知

我聽了一臉無奈，香港保守及性知識的不足，害了多少對情侶呢！我回答道：「雖然一般來說，行房時女性會因為性興奮而產生分泌，令陰道水潤，但這卻非金科玉律。陰道分泌主要來自陰道壁充血時的漏出液、子宮頸附近的腺體分泌、再加上陰道口前庭巴氏腺的巴氏腺液。何謂足夠？誰能定準則？過多過少都不一定好：當過多時太濕太滑，陰莖在陰道內『跣來跣去』，感覺不夠緊貼，減低了大家的快感，有時候陰莖甚至可能因而半途軟下；當分泌過少時，陰道會變得乾澀，導致性愛疼痛、破損、出血，有機會直接妨礙性交，造成性功能障礙。」

「故此，『愛液』最緊要夠用，可以作為人體的天然潤滑劑，『愛液』分泌是一種保護機制，以免性交困難或陰道受損。而且分泌不但因人而異，即使同一個人處於不同狀態，如月經前後及排卵週期，分泌多寡亦會有所不同。當然還會受到其他因素影響，包括：個人體質、休息不足、過度疲倦、工作壓力、情緒、藥物、疾病、前戲技巧是否出色、行房時姿勢是否舒服、荷爾蒙失調、年齡等。」

不過 Olivia 當時沒有這些認知，一心只想討好男友，於是曾到性商店購買情趣用品，又在店內買了聲稱可以催情的「補品」來吃，店主說這產品來自墨西哥，其催情成份可助女士行房時欲仙欲死，「愛液」增加，難道這就是傳說中的「催情藥」？她影了相片給我看，竟然是含有「偉哥」成份的藥物，按理必須要有醫生處方才能買到，但現在竟然可以如此隨便買到，實在令人費解。

解救了愛液　能解救關係？

當然這些情趣用品及「催情藥」都解決不了 Olivia 的問題，要知道就算「女人有多愛你」，分泌的「愛液」也可能會受到其他因素所影響，直接減低陰道的血流量及腺體的活躍程度，加上 Olivia 的個性又容易「艷艷」易怒，男友的怨言又會加重她的壓力和焦躁。因此她的情況是，越愛越在意男友，反而越令她的「愛液」減少呢！

在別無他法下，Olivia 在社交媒體看到了相關的修陰機療程，於是便上來進行檢查及諮詢醫生專業意見。檢查過後，其實她的身體完全健康亦不是提早更年期。最後建議她可以透過合適的修陰療程，以增加陰道的血液循環及刺激腺體分泌，令其變得活躍，提高敏感度。此外，我也一盡綿力為他們進行了簡短的兩性輔導，當中包括營造浪漫環境；加長前戲時間；對性敏感點的刺激；那些性愛姿勢可以增加「愛液」分泌等等；也希望通過講解，使她和男友更了解影響「愛液」分泌的種種因素，與愛情並不完全掛鈎。

幾次療程後，Olivia 的分泌總算有所改善，陰道亦健康了，可惜他們的感情卻沒有好轉，跟男友最終還是分手收場。其實，一段關係中，雙方的猜疑、不信任和不能包容忍讓，才是癥結所在吧！

一段關係中，雙方的猜疑、不信任和不能包容忍讓，才是癥結所在吧！

不育夫婦插錯洞

本來約好跟醫學院的老同學 Wendy 聚會，怎料十號颱風蘇拉到訪，結果要延後數天才能見面。這天重聚，我倆吃着早餐，談起了初初畢業的那些年，記得那時還在公立醫院拚命，管它八號還是十號風球，也要照常上班的種種經歷；也回味起一些特別個案，在醫生圈子裏，彼此交流治療經驗也是常態吧！

説着説着，過去的回憶慢慢浮現起來，印象明明這麼近，日子卻又那麼遠，大家不禁有點唏噓感慨。忽然間，Wendy 偷笑起來，我完全不知所以，連番追問下，她如實道來：「我想起你那時提過，曾遇過一對純情夫婦，因為不育來求診，結果被你發現，原來他們並非不育，而是性愛插錯洞！」這個經典個案我當然印象深刻，現在還歷歷在目⋯⋯

性愛年多　還是處女！

這個「不育」小故事在前一本書《拆解黑心醫美》也提及過，不過着墨不多，這次就來細説事情的來龍去脈吧！醫學院畢業後，我從事家庭醫學（Family Medicine），曾在醫管局的普通科門診工作，繁忙程度可想而知。醫生應診也要「追數」，那時候 4 小時的早上門診，要完成四十多個病人的診症，即平均每 5-6 分鐘

要看完一個病人了，但那次 consultation 我用了差不多一小時！

原來他們並非不育，而是性愛插錯洞！

那天來了一對年青夫婦，言談間見二人真誠純樸，各自戴着一條同款的十字架頸鏈，似是定情之物，亦可能是宗教的象徵吧！丈夫二話不說遞上一份在化驗所進行的生育驗身報告，隨即說：「我們已結婚年多了，想趁年輕生育小朋友，婚後一直努力『造人』，卻毫無成果。所以早前，我們直接到化驗所進行相關的檢查，醫生，可否幫我們看看，究竟是甚麼問題呢？」

我翻開驗身報告一看全部正常，太太亦做了很詳細的體溫表、排卵試紙、性愛記錄等等，無可能年幾還未有 baby！治療不育個案，先要為夫婦追查不育的原因，才能對症下藥。我唯有再詳細地追

問，樣子斯文的太太陰聲細語地回答：「我早上醒來落床前便測量體溫，這成了我每朝必須的日程，我知道透過記錄體溫，可以顯示出排卵的日子，所以把房事集中在這重要時刻前後進行，希望能夠增加成孕機會。」

她也有進一步的檢查，驗血報告顯示在月經週期的特定日子，性荷爾蒙水平並沒有問題，只是還沒有進行輸卵管造影，以確定是否暢通無阻地讓卵子由卵巢排出後，順利通過輸卵管進入子宮與精子的結合。先生急着開聲說：「我也進行了兩次精子檢測，得到『新鮮滾熱辣』的精子後，立即十萬火急地把它運至化驗室，很是狼狽呢！」他的精液常規檢驗，無論精子數目、活躍度及形態等都屬正常範圍內。

據他們以上所述似乎一切無誤！我一定要查個明白，迅即偵探上身，展開地毯式的搜索，深入追查他們性行為時的每個細節，想從蛛絲馬跡中找出問題的根源。為太太進行婦科檢查後，找到驚人的發現，真是聞所未聞：太太的處女膜竟然完整無缺，還是「處女」！

婚前無性行為　婚後無性知識

得知消息後，夫婦二人都大感愕然，不明所意，丈夫疑惑地問：「為了生育，我們已經頻密地行房，基本上每星期最少有兩次，到排卵的日子就更加勤力了，不想錯過任何機會。怎麼會是處女呢？應該無可能才對！」

我冷靜地回答：「我也覺得不合理，不如你描繪一下性愛時進入的位置吧！」

先生有點為難地說：「醫生，我讀文科的，在教會從事一般文書工作，我怎懂得繪畫人體結構呢？雖然小學也有性教育課程，但老師大多只集中講解青春期時的生理及心理變化，有提及過月經、夢遺及避孕等課題。至於性愛方面的知識卻甚少開放地探討了，可能有點尷尬或連老師自己對此亦未必深入解構，所以不知從何入手！還記得那時候，有些男女同學對性有好奇之心，既然在學校裏得不到性知識上的滿足，唯有外求了：有些會暗中參閱女性雜誌後幾頁的 sex talk；有些會偷看日本鹹片。至於我，不想把這些煽情、誇張、變態的行為心態都『照單全收』，所以沒有特別去探究。」

太太點頭認同，並加入話題：「我倆中學就認識了，他讀男校我讀女校，從小相識相知，一起成長一起學習，漸漸地兩情相悅，情投意合，直至高中我們才開始拍拖，畢業後不久便結婚了。我倆都是虔誠的教徒，也順利加入了教會工作，所以一直嚴謹遵守教條，沒有婚前性行為。」

這對夫婦有如蒸餾水般清純，既然他倆都畫不出來，就由我出手吧！我用有限的畫功，盡力畫出女性性器官的解剖圖，經過一輪解說後，兩位才如夢初醒般，了解到女性下面三洞分別的正確位置。接着丈夫描述進入的洞穴，竟然給我一個驚為天人的大發現，

原來丈夫一直入錯了「洞」，每次都進了肛門。

你是我的初戀　要婦科檢查嗎？

我正式公佈「調查」結果：「疑團終於解開，想不到你們這麼前衛，進展到肛交（Anal Intercourse）的層次，即先生勃起的陰莖進入了太太的肛門和直腸，彼此摩擦產生性快感。這樣一來，射出的精子永遠無法遇上卵子，怎會受孕呢？亦因此太太的處女膜毫無損傷，還是『處女』一名！」

夫婦二人收到調查結果後，一臉尷尬，不知所措。太太望着先生，責怪地問：「怎麼會這樣？」我反問太太：「你之前沒有做過婦科檢查嗎？」太太直言：「我先生是我的初戀，我從來沒有第二個，對他是百分百的信任，相信風險不大，所以未曾做過婦檢。」

我聽呆了說：「婦科檢查包括面診，檢查下腹、生殖器官及乳房，並進行子宮頸柏氏末片檢查及腹部超聲波掃描等，透過定期檢查，有助預防或及早發現婦科疾病，才能得到適時的治療。女性人生不同的階段，對健康有不同的關注，你已過25歲，又有『性經驗』，應該要進行身體檢查，了解自己的健康狀況。假若你有進行婦科檢查，便會發現處女膜完好無缺，可能及早得知問題所在。」

初夜「破處」有痛感　處女膜破裂落紅？

太太感到不好意思，頭耷耷地說：「我會盡快安排婦檢的，醫生，你有相熟的婦科醫生介紹嗎？」然後又自言自語地說：「怪不得

性愛時，會這麼痛啦，原來是去錯了地方！起初，我想自己還是處子之身，聽說初夜『破處』會有痛感，是正常不過的事。而且頭幾次還見血啊，我心想應該是處女膜破裂的落紅現象。」

我無奈地回答：「醫管局醫生介紹相熟的私家醫生給病人，於理不合，希望你明白。至於性交後見紅，有機會是肛門黏膜因交合時摩擦撕裂所致；但若患有痔瘡，可能會惡化或爆破以致血染被鋪；如果用力過度，可能造成肛裂，也會出血。而你的性交疼痛，應該跟『破處』沒關係，只是肛門括約肌非常緊實，以防止突然『流便洩氣』，要衝破這道大閘並非易事，加上肛門沒有愛液分泌，使進入難上加難，造成肛交的痛楚。」

丈夫一臉不安插嘴道：「所以我盡量慢慢來，以免她痛上加痛。由於進入時困難重重，我後來買了潤滑劑，幫助入洞，經過數次練習和努力，之後變得順暢得多了。」先生顯露出得意的神色。

肛交快感從何而來？

太太聽到這裏，抬起頭來恍然大悟説：「我後來不再那麼緊張焦慮，心情漸漸地放鬆了，只是插入時不舒服一陣子，間中有點性快感和性興奮，當時還以為是高潮，暗暗歡喜着。」

我詳細解説：「老實説，性交中的高潮向來得來不易，根據性學期刊《The Gender of Sexual Medicine》，94% 以上的女性曾在肛交中獲得高潮。你的感覺可能由於肛交除了會刺激肛門和直

腸內的神經末梢外，還會使延伸至附近的『陰蒂腳』受到間接牽動，繼而感到愉悅，故不足為奇。」

丈夫忽然想到：「原來如此，但聽聞男同性戀亦會肛交，他們並沒有陰蒂，那麼快感又從何而來呢？」

猜不到他會問得如此深入，我只好回答：「大部份人會將肛交與男同性戀者相聯，但異性戀或女同性戀亦會進行肛交，而有些男同性戀未必選擇肛門性交，所以不能一概而論。至於男同性伴侶的快感，主要是當陰莖在肛門及直腸壁摩擦時，接納方位於直腸前的前列腺受到刺激，產生酥麻的興奮感覺，從而達至高潮，所以前列腺又稱作『男性的 G 點』。而異性伴侶方面，由於肛門括約肌通常比陰道入口更為繃緊，令陰莖插入時增加壓迫感，加強了男方的性快感。另外，有些男士特別享受肛交所帶來的支配感，增加其優越感，提高了性滿足感。所以，這些人常沉迷於肛交，甚至將肛交變成陰道性交的代替品，在月經來潮的日子大派用場。亦有認為肛交不會弄穿處女膜，可以保留它的完整性，作為保持貞操的一個方法，其實有點自欺欺人！」

陰道性交才會感染性病？

丈夫為避嫌疑立即回應：「我的快感絕非來自支配你的，請相信我吧！醫生，話説回來，她有幾次見血，除了你剛才提到的黏膜損傷外，會否出甚麼問題呢？肛門這麼多細菌會否感染呢？」

我看着他們那憂慮的眼神如實地說：「肛門及直腸本來分別作為排便及儲存糞便之用，故含有大量微生物，包括大家耳熟能詳的大腸桿菌，所以若有傷口，病菌會乘虛而入，確實有機會導致感染發炎的；由於肛門和直腸組織相對較為脆弱，且不會如陰道般分泌愛液，所以性交摩擦時特別容易受損；而且繃緊的肛門括約肌會使安全套在肛交過程中破裂或脫落。以上種種，加上直腸周圍的血管和白血球較多，以及直腸黏膜的高滲透力，所以相比起其他性行為，進行肛交的人群有較大風險感染性傳播疾病，例如愛滋病，肛交比陰道交多 28 倍機會感染 HIV（Human Immunodeficiency Virus）。肛交亦會增加尿道炎及陰道炎，特別是在沒有使用或沒有更換安全套的情況下，先後進行肛門性交，接着進行陰道性交，就會將肛門的病菌帶到陰道，造成感染了。」

他倆聽到心驚膽跳，先生尷尬地問：「我還以為只有陰道性交才會感染性病，沒想到肛交反而機會更大！幸而我們從來沒有進行陰道性交，應該不會造成陰道感染吧！但為了生 baby，我也沒有戴避孕套，怎麼辦呢？」

我按捺不住直說：「這是甚麼想法呢？性病不只是屬於陰道性交，還可以通過其他的性交模式而傳染的，包括口交、肛交等，而且肛交是其中最容易傳染性病的一項，肛交可說是高風險的性行為。由於肛門、直腸和子宮無法貫通，在肛門內射精，精子不能游到卵子等待的子宮，所以不失為控制生育的方法。故此肛交只能避免懷孕，根本不能防止性病。當然，沒有佩戴避孕套，感染機會

率就更高了。不過,你兩都是單一性伴侶,相信未必有性病,但亦可能感染到肛門內的其他病菌,所以絕不建議肛交不用避孕套,而且最好要用上為肛交而設計的專用避孕套,以防萬一!」

肛交以致大便失禁?

太太鬆一口氣說:「我倆現在還安好的,應該不會感染吧?其實,我習慣每次性交前後,洗澡淨身及排去大小二便,以免性愛中途有任何閃失。但我們過去這些日子經常肛交,會否導致大便失禁呢?」

我向她解說:「若是肛交過程粗暴亂來、過於頻密或是使用過激的性玩具,可能會使肛門括約肌鬆弛,出現直腸脫垂或排遺能力減弱,即大便失禁的極端情況。所以正確的技巧,並配合定期的骨盆底肌運動,以加強肛門括約肌和整體骨盆底功能,可以減低大便失禁的發生。」

作為丈夫的,臉上不禁顯露出擔憂、不安和自責:「沒想到我會如此大錯特錯,過去竟然不斷和大便玩遊戲!我已經盡量溫柔行事,絕無粗暴之舉,見她表情有異,我便立即放緩『步伐』,但事情發展至今像是有點不知所謂,有些亂來。老婆,都是我不好,真是對不起!」

肛交的安全程序

我安撫他說：「肛交行為在古代社會早已存在，某些群組文化的評價甚為正面，對與錯各有不同的說法，難以定斷，故你也不必充滿罪惡感和內疚感！但無論如何應該安全為上，並須取得伴侶的意願，有充份的溝通和信任，才能享受箇中的樂趣。」

我繼續解說：「嘗試進行肛交的人士，應先放鬆緊張情緒，謹記前戲不可少，要花些時間調情熱身，可以由下而上輕柔地撫摸大腿、會陰、屁股、肛門；或由上而下輕吻耳朵、嘴巴、脖子、腋窩、乳頭、肚臍，再到臀部，讓雙方逐漸地進入狀態。同時可以刺激陰道增加分泌愛液，分給肛門應用，若分泌不足，就需要添加足夠的潤滑劑，才能順利地進入，減少痛楚，以及防止摩擦引致的損傷。」

「另外，可以先運用手指試探，但要注意手部衛生，確保指甲不會過長，避免塗抹指甲油或 gel 甲，也要佩戴手指保護套。可以使用潤滑劑在肛門口外打圈按摩，需要逐步漸進，不能太快太急，上限為兩隻手指的闊度，待伴侶適應後才慢慢抽插，漸漸地加速。進而用性玩具或勃起的陰莖進行肛交，但要留意前進的方向，大致應該向着肚臍位置，切忌橫衝直撞，否則有機會弄傷直腸呢！若然出血或感到劇烈痛楚，就必須立即停止。在過程中多問問伴侶的感受，觀察有否不適等，讓對方感受到性愛的關懷與愛護。」

愛、情及性維繫起兩個不同的個體

Wendy 聽我述說故事，聽到意猶未盡，笑着說：「不愧為吟吟醫生 *，對性愛有這麼深層的研究。你這個偵探的追查、破案及講解，說了良久，又這麼詳盡，應該要花上一小時的 Doctor Consultation 吧，果然夠豪爽，難為我要替你看餘下來的病人！回想起來，我們在政府門診的那些年，接觸的個案還真包羅萬有，為我們的醫學生涯加添不少色彩呢！」

我深感歉意地回應道：「慶幸有你這個老友的幫忙，那天才能順利完成早上的病症，可以午飯呢！兩性或同性關係中，除了愛及情以外，性也是重要的一環，是一段親密情感中不可缺少的部份，可以將兩個不同的個體維繫起來變成一個家，對個人或整個家庭的身心健康有着重要的影響。我為這對純情又無助的夫婦付出了寶貴的一小時，給他們上了一課完整的性教育！希望他們可以得到正確的性知識後，進入正確的『洞穴』，快些擁有自己的愛情結晶，『造人』成功，那麼這一小時也算花得其所。」

＊吟吟是我學生時代的暱稱，我讀書時的名字，所以醫學院的同學都叫我吟吟。
　當醫生後改名鄭曉蔚，以免帶來不必要的遐想。

回 憶 中 滿 是 高 潮

愛情小說中的男女主角往往愛得浪漫纏綿,最後終成眷屬,如王子公主般結婚了,但現實中的他們卻未見得就可以「快快樂樂地生活下去」!這天年輕太太 Joey 如常地到來進行修身療程,便說起了婚後的種種,童話故事徹底地幻滅。

Joey 身形纖瘦,嬌滴滴的,樣子甜美,自少已是美人胚子,讀書時已有不少狂蜂浪蝶,十多歲已不乏戀愛經驗,中學時期已初嚐禁果。對手包括同輩、師兄,就連跟「小鮮肉」的性愛經驗也不少,可說是性經歷豐富。她進了大學便遇到了現在的丈夫 Daniel,白白淨淨,個子不算高大,樣子文質彬彬,五官端正,與 Joey 可算相親。

Joey 曾跟我談起他們的甜蜜往事:「那時候我厭倦了每隔幾個月就換畫的拍拖模式,想尋求一段固定的感情。對他其實有點一見鍾情的,感覺斯斯文文,不會甜言蜜語,一味討好我,而且性格率直,討人喜愛。跟他一起,我感到舒服自在和安全幸福,與從前的拖友截然不同,我覺得他可以付託終身,會是一個好老公、好爸爸,所以畢業沒多久,我便向他求婚了。」

性交只為了生兒育女？

我聽到這裏不禁稱讚她：「時至今日亦甚少女子會這樣主動出擊，你果然是女中豪傑、勇敢前衞呀！」她充滿自信地說：「男人我見得多，難得找到合意的人生伴侶，就應該盡力地抓緊他，以免後悔終生！」

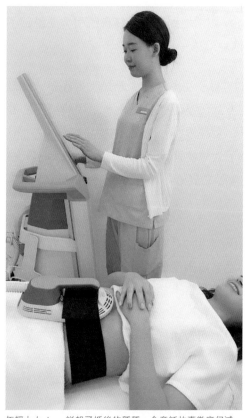

年輕太太 Joey 説起了婚後的種種，令童話故事徹底幻滅。

他們婚後繼續沉溺在熱戀中，對性愛如婚前般熱熾，晚晚翻雲覆雨。幾年後還生了一個女兒，本應開心快樂地生活下去的！誰知女兒出世後，夫婦的熱情漸退，親熱次數也寥寥可數了。

這回 Joey 進行產後療程時，卻有些垂頭喪氣，説話提不勁來，負責修身治療的 Rita 姑娘見狀，便叫我去關心下她。Joey 一見我便不禁吐起苦水來：「鄭醫生，與你相識

多時，我不妨直說吧！我發覺我老公自從有了女兒後，就變得怪怪的，像是不再需要性愛似的，更用諸多藉口推搪我呢，近幾個月都沒有親熱了。他會否認為生了孩子，已經完成生兒育女的重任，再無性交的需要呢？因此性慾減卻呢？」

費盡心思色誘丈夫

我感到有點莫名其妙地問：「你倆不是一直熱情如火的嗎？為何會有這樣突如其來的轉變呢？」她無奈地回答：「我也摸不着頭腦呀，我曾在他生日時邀約他到酒店 staycation，希望轉換性愛環境，嘗試角色扮演來調情，並展開內衣攻勢，共度一晚浪漫的二人世界。怎料當我換上性感的內衣，準備了性玩具，七情上面地投懷送抱，他竟回我一句：『今天游完水吃過晚飯已經疲累萬分，要好好睡一覺，享受這五星級的酒店。』簡直令人手足無措，此情此景，不知如何自處！」

為了追求昔日的激情，Joey 花盡心思，鍥而不捨地「接近」丈夫，但對方依然不為所動，毫無性趣。Joey 難免懷疑他對自己是否喪失了新鮮感？還是自己的陰道鬆弛令他失去性趣？她滿腦子疑問與不安，我建議她直接了當地跟先生坦誠溝通，她卻皺起眉來說：「其實，我也着力過，但相關話題才出口，他便迴避了，顧左右而言，根本毫無機會去探討性愛關係，我實在無計可施、束手無策了。鄭醫生，不如你替我檢查一下妹妹，看看是否鬆弛了，所以喚不起他的興趣？」

「小弟弟」力不從心

檢查後我公佈結果：「雖然你生了孩子，但說來也不算鬆，你先生應該不會感到生產前後有太大分別吧，除非他的那兒幼了！」Joey 帶點憂慮地說：「他的『小弟弟』時軟時硬，似乎有點力不從心，性交時也不甚投入，多是草草了事。而我的愛液像是比懷孕前少了，我不是正值花樣年華嗎？實在不明所以。」

我安撫她道：「你生產後已有一段日子，月經早就回復從前的規律狀態，又沒有餵哺母乳，荷爾蒙應該正常無誤。當性愛過於倉促，欠缺前戲，女方又未能進入狀態，亦有機會導致分泌不足的。」

Joey 點頭認同，但還是決定進行保養性的修陰治療，以促進分泌量，及收緊產後的陰道，讓敏感度增加。不過，我需要事先明言：「你要明白，即使做修陰機，亦未必能夠燃點起夫妻的性火。應該要先找出問題的根源，才能夠對症下藥。」

丈夫性取向轉彎了？

這天正進行修陰機治療時，閒談中 Joey 提到最近在家看了一齣電影《翠絲》：「故事是講述一對夫婦結婚多年，先生在獨處時，會穿上女性衣服，才能感受到內在的真我，後來還決定坦誠面對深藏已久的秘密：他要變性！本來平靜美滿的家庭生活頓時起了劇變。鄭醫生，你認為這故事會否也發生在我身上呢？」

丈夫性取向轉彎了？

我被她的問題嚇了一跳，並盡量保持冷靜地望着她。她解釋道：「最近，我發現老公越來越重視衣着打扮，已換了一批全新的衣褲，放滿整個衣帽間；而且對皮膚保養比以前更着重，由洗面到防曬都有，堆滿洗手間；還見過他戴耳環，配襯飾物呢，古龍水香氣撲鼻。他一向是樸實穩重型，現在變到如此『花枝招展』，教人如何不懷疑呢？加上他一改常態，經常去健身室健身，走起路來還多了點『婀娜多姿』。 你説他是否性取向轉彎了？」

看她如此擔憂煩惱，我嘗試分析一下：「你以上所言的都是表面觀察所得的現象，説不上甚麼證據，而且還有很多其他可能性的，不可以就此定斷。與其胡思亂想，不如打開心扉，與丈夫坦誠對談，表達你內心的感覺和需要。」

性愛可以變美嗎？

Joey 低着頭説：「回想以前，我們情到濃時，可以一日『行埋』二至三次呢，還常有高潮！那段日子朋友都説我紅粉緋緋、容光煥發、精神飽滿、甜蜜幸福，我自己也感覺如此！」

她不知不覺地回憶起過往美好的日子，臉上亦泛起紅暈，我也感受到她的甜蜜氣息，接着便給她理性地解釋一番：「在性愛過程中，血液會加快流向陰道和陰唇，促使陰部及陰蒂充血脹起，顏色變深，情況如同陰莖勃起一樣；血液循環同時增加陰道分泌，形成濕滑的環境，在性交時起潤滑作用。這時，陰道增長，前三分一會收縮，後三分二會擴張，而子宮會微微升起。」

「其實，高潮就是一種自然的收縮反應，包着陰道的骨盆底肌會有節奏地收縮 3 至 15 下，通常維持 5 至 60 秒。陰道內並無感覺細胞，故此感覺主要來自環繞陰道的骨盆底肌肉，被稱為性愛肌。女性的性反應可以分為不同的階段，包括興奮期（Excitement phase）、平台期（Plateau phase）、高潮期（Climax or Orgasm）及消除期（Resolution phase）。」

「而性興奮至平台期時，呼吸速度、血壓、心跳頻率都會有所增加，陰蒂的敏感度亦會提升；到達高潮時，心跳和血壓會進一步上揚，瞳孔擴張，發出不能自主的聲響，即所謂的『叫床聲』或『呻吟聲』；這時痛感指數會減低，壓力全消，進入滿足愉快的狀態；之後便是消除期，血壓和心跳會回復正常水平，肌肉放鬆，陰蒂依然敏感，可能進入不應期（Refractory Period），亦可能有多次高潮反應。」

Joey 聽得入神，好奇地問：「原來正是那種心滿意足的安康感覺，令我如沐春風。可惜，現在就算慶幸能夠一嚐行房的滋味，也再沒有甚麼高潮，往事只能回味了！是否因為生了孩子？還是老了鬆弛了？」

女人高潮難過登天？

Joey 流露出沮喪的神情，我只好鼓勵她：「你知嗎？據統計女人約有 20% 感受過陰道性交的高潮，你過往能夠常有這感覺，已經幸福過無數女子了！感受不到高潮的原因多的是，當中包括性功能障礙、前戲時間不足、性敏感度低、陰道鬆弛、骨盆底肌肉張力低、伴侶性功能減退或性技巧欠奉、與伴侶欠缺溝通或關係出現問題等等。相對來説，自慰更容易獲得高潮，因為大部份人對自己的生理結構及性刺激點更為了解，亦可以藉此排除機能問題。」

裝作高潮鼓勵士氣

Joey 忽然陰陰嘴笑笑口自爆：「雖然這些日子高潮不再，但有時見對方弄了良久仍未能發射，我也會刻意裝作高潮來了。他真的自以為床上功夫了得，暗暗歡喜，未幾便射精了。完事後，我就可以休息下，我覺得我的演技應該可以得到最佳女主角獎吧！」

我報以微笑說：「你的做法可以理解的，加入這種高潮戲份像是兩全其美的方法，一方面有利他主義的作用，使對方感覺良好，亦給伴侶有所鼓勵，有助大家增加興奮度；另一方面，可以快點完結性事，不用這麼累了。但也有些女士偽裝高潮，可能是由於害怕或者欠缺安全感所致，而且有時『演技』不夠好，反會被對方『識破』，只是沒有當面拆穿吧，伴侶的自尊心還可能因此受到嚴重打擊。」

AV 女優潮吹性技

她扁扁嘴說：「我亦明白的，所以這些日子我開始努力學習性愛功夫。我會參考一眾 AV 女優，希望可以學得一招半式，為自己的性愛技巧補課。我發現她們的性反應都頗誇張，在性興奮時，陰部更會噴出液體，看到我目瞪口呆。雖然我技不如人，但為何我從未試過射出這種液體呢？是我有問題嗎？」

望着 Joey 疑惑的表情，我唯有盡量拆解：「為了加強官能刺激，AV 影片難免誇張失實，為觀眾帶來視覺感受及想像空間，並為

他們完成現實世界中無法實現的境界。故此，不能將 AV 作品與真實性生活相提並論，別要混淆不清，也不必作無謂的比較。正如你形容的液體場面，就是所謂的潮吹（Female Ejaculation or Squirting），有機會是高潮時，由於骨盆底肌肉有節奏地收縮，將陰道內的分泌物噴射出來，加上斯基恩氏腺（Skene's glands）亦會分泌小量液體，白色無味，只有 1 至 2 毫升左右，亦未必每位女士有這些分泌，因人而異，無須介懷。若像 AV 女優射出如此大量的液體，就要懷疑是否尿失禁了。」

引人入「性」的四大高潮點

Rita 姑娘雀躍地插嘴道：「謎團終於解開了，原來是『造假』的！那麼她們浮誇的興奮反應，是否由於 AV 男優技術高超，可以直達她們的 G 點呢？」

Joey 也雙眼發亮地等待着我的答案，我盡所能解說：「所謂 G 點，即 Gräfenberg Spot（G-spot），1940 年由德國婦產科醫生 Dr Ernst Gräfenberg 提出的，據聞刺激此位置可以喚起陰道高潮。但到目前為止，仍未有確切證據證明 G 點的存在，它可能只是陰蒂組織的延伸點，位於陰道前壁，距離陰道口約 2.5 至 7.6 厘米，可以說 G 點與陰蒂本是一家。」

「事實上，最容易找到的就是 C 點，指的正是陰蒂（Clitoris），它存在於人體的唯一生理功能便是激發女性的性慾、快感及高潮。它富含八千多根神經末梢，密度要比男性龜頭高 6 到 10 倍，可

見其敏感度之高！平時陰蒂被陰蒂包皮包裹着，只有進入性興奮狀態才會外露，充血勃起至堅挺變硬。陰蒂並非表面看到的一小點，它還延伸至陰道、尿道及大陰唇。由此可見，陰蒂高潮相比陰道高潮更易達到，絕對是眾裏尋『它』千百度，驀然回首，那『點』卻在燈火闌珊處！」

「女士的性高潮點又何止 C 點、G 點呢？還有 U 點及 A 點！U 點是指 Urethral Opening，即尿道口附近的敏感地帶，故又稱尿道高潮點。這點唾手可得，可以在外圍觸摸得到，不必伸進尿道內。而 A 點則位於子宮頸前穹窿（Anterior Fornix），在陰道的另一端，這點深不可測，而且隱蔽，並不易到達，而且感覺微弱。可想而知由 A 點引發的子宮高潮，實是可遇不可求，需要一定的陰莖長度及特定的性愛姿勢。」

性敏感按鈕引發高潮反應

Rita 姑娘聽得耳界大開：「沒想到原來有這麼多性刺激點，這些都是令人欲仙欲死的開關吧！我聽聞過除了私密位置外，還有其他性敏感地帶的，例如嘴巴、耳背、頸部、乳頭、腋下、大髀、腹股溝、肛門等，處處引人入『性』。無論是用脷舔也好、用嘴吸啜又好，或是用手指挑逗也好、用手撫摸又好，總有機會找到一、兩個按鈕，引發性器官以外的高潮反應。」

Joey 忍不住大讚：「Rita 姑娘果然性見識廣闊、性學識淵博！」Joey 終於展露笑容，暫時忘卻對丈夫的疑慮。

丈夫修身吐露真言

就這樣過了一段時間,有天 Joey 帶了她的丈夫來到診所:「鄭醫生,我老公 Daniel 想做醫學儀器改善身形,你覺得可行嗎?」

醫生諮詢(Doctor Consultation)後,我立即替他做了身體檢查(Physical Examination),及分析了體重、身體質量指數(BMI, Body Mass Index)、體脂肪、肌肉量、含水量等等。他主要是中央肥胖,血壓有點偏高,體脂肪亦超標,而且核心肌群力度不足。我為他安排了隔空消脂板、衝擊波,以及專為鍛煉肌肉而設的高能聚焦電磁能(HIFEM, High Intensity Focused Electromagnetic),但醫美儀器只可以有助局部修身,減肥始終需要調節飲食及定期運動,才能見效。

細問之下,原來女兒出世後,Daniel 希望為家人帶來富足的生活,便積極應酬拓展業務,以增加生意及收入。由於每次應酬都大吃大喝,日子有功,體型也漸漸發福,以致過往的衣著再不稱身了,所以要全部換掉。人到中年,他還患上了高血壓及高膽固醇,醫生要他服用藥物,血壓及膽固醇隨即受到控制,但就開始出現肌肉疼痛及性事力不從心,相信是藥物的副作用吧!所以他常常用不同的藉口逃避太太,以免最後失敗收場。

Daniel 繼續吐露真言:「為了停藥,重振雄風,我去了見營養師,聽他的建議控制飲食;而且還參加了健身會籍,每天找私人教練指導做運動,但願可以盡快重回健康狀態。眼見健身室新認識的

朋友，除了身型健碩外，皮膚保養也不錯，而且衣著裝扮有品味，我亦受到感染，轉一轉平實的風格，嘗試噴點古龍水、戴些飾物來點綴，並學習男士皮膚護理。」

這時我和 Joey 恍然大悟，謎團終於揭開了，他所有的轉變，原點就是為了給家人高質的生活；他逃避性愛，就是不想掃了太太的興致，並非性取向有所改變！Joey 眼泛淚光，立即撲向丈夫的懷抱，向他訴說她一直的疑團。最後大家都爆笑起來，實是一場虛驚！事實上，兩性的性愛矛盾和誤解常有發生，夫婦之間應該坦誠地溝通，一起同行，一起面對，問題才能早日解決。

我鬆還是你幼？

小學老師 Stephy 才 28 歲，正值事業拼搏期，工作量挺多，每天教書之餘還有一大堆行政工作，往往下課後要到晚上七、八點才能回家。回到家後還要批改作業、備課，把時間都獻給了教學工作，幾乎沒有社交生活，以至 28 歲依然是 A0，即零拍拖經驗，至今仍是處女。

先性後愛的浪漫奇緣

「那天考試期間，我剛準備離開學校，回家將試卷盡快改好，誰知遇着橫風橫雨，烏雲密佈。當時我左手拿着一大堆試卷，右手撐着雨傘，好不狼狽，等了良久，路上竟然一輛的士也沒有，唯有匆匆忙忙地用手機軟件召喚的士了。回家後才發現，無意中遺留了一疊試卷在的士裏，正在六神無主之際，電話突然響起，原來剛才的司機透過軟件的記錄聯絡我。」Stephy 一邊進行肉毒桿菌素瘦面療程，一邊訴說她下雨天的浪漫奇緣。

浪漫奇緣就此開始

她繼續甜蜜地講述自身的愛情故事：「那司機的名字叫小偉，樣貌樸實，為人隨和，與我年紀相若，他特意把試卷送回給我。大家聊了幾句，年輕人說起話來很快便相熟了，全沒拘謹，而且頗為投緣，感覺舒服自在。這晚雨越下越大，後來天文台更發出黑色暴雨警告信號，為感謝他專程把試卷送回來，我便請小偉到家裏喝杯咖啡以示謝意，並避避暴風豪雨，以免危險。」我一邊留心地聽她的故事情節，一邊專注地為她進行肉毒桿菌素治療，她的甜蜜像是掩蓋了針刺的痛楚。

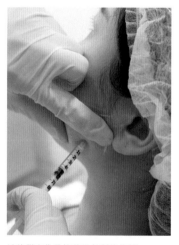
她的甜蜜像是掩蓋了針刺的痛楚

Stephy 面上泛起一片紅暈，調低聲線說：「我倆就這樣促膝長談，又憶起童年，我倆有着相若的回憶，感覺特別親切。品嚐完貓屎咖啡，吃了幾塊曲奇餅後，開始飽暖思淫慾，意亂情迷下，在風雨交加之夜翻雲覆雨，把我的第一次獻給了小偉。慶幸，這次突如其來的性解放並非單純的一夜情，我們事後交換了電話號碼，成為了密友，自此他每天載我返工放工，無微不至。在的士的路程上，我們傾訴心事，分享日常瑣事，不久便正式展開了情侶關係，可說是先性後愛。」

在旁協助治療的 Nico 姑娘回應：「這段的士情緣浪漫得很呢！」

沉醉愛情　儲糧防饑

Stephy 已有一段時間沒有到診所進行醫美治療了，我們以為她是沉醉於愛情，沒閒抽身。這天她經過中環上來買些護膚產品，醫生助手 Carmen 幫她處理銷售事宜，一邊關心地問：「Stephy 很久不見了，你最近好嗎？要否替你安排一些保養治療呢？」

Stephy 無奈地回答：「其實，我也想像從前一樣，定期到這裏進行醫美肌膚保養，間中找鄭醫生注射肉毒桿菌素瘦面及瘦肩。救救我捱到殘的皮膚，調整一下面型肩頸的輪廓，又可以跟你們呻呻在學校面對的難題，絕對是減壓的良方。不過，我的男朋友說：『不要浪費金錢，應該儲糧防饑。你現在還年青，根本不需要甚麼醫美治療；更不需要買甚麼名牌手袋、珠寶首飾、衣服鞋襪等；飲食方面只求三餐溫飽，不必去甚麼高級餐廳或酒店自助餐，一個食唔飽一個食太飽，認真無謂！』」

Carmen 認識 Stephy 好幾年了，兩人已相當熟悉 ，基本上無所不談，所以直接地問：「可是，你看似不太高興！是否不太滿意這種生活模式呢？」

Stephy 嘆了一聲答：「我的教學工作，雖然辛苦又大壓力，但總算收入可觀又穩定，而且我已擁有自己的物業，經濟完全獨立。把辛勞賺取的部份金錢，花費在生活享受上，好好善待自己，身心裨益，取得平衡之餘，又負擔得起，何樂而不為呢？我明白他是為我們的將來着想，所以平日省吃省用，不是兩餸飯便是快餐，

希望儲錢置業及盡快購買一部的士來謀生，不用再租借。可能他中學畢業後，因會考成績不如理想，加上家中經濟不景，所以早就出來幫補家計，但始終的士這行收入不穩定，又遇上疫情及其他競爭，生意更加一落千丈！」

Carmen 聽後按捺不住説：「似乎你們二人的背景有點距離！以我所知你大學畢業後，再報讀教育學院，取得教育文憑後，順利成為小學老師，在同一間學校教了數年。除了有時受到上司同事的欺壓外，可算是生活無憂了！」

Stephy 柔弱地説：「這些職場欺凌，明顯地是因為我的性格軟弱所致，才要承受工作以外的事務，導致頸緊膊痛，連按摩也不能緩解這種繃緊的感覺，影響睡眠及心情。Carmen，擇日不如撞日，你看看今天鄭醫生有否時間替我進行肉毒桿菌素肩頸治療嗎？可以快速有效地舒緩肌肉痛楚吧！」

性愛時會放屁

今天剛好有病人取消了 appointment，我可以騰出時間，讓 Stephy 順利補上。當我踏進治療室，正要向 Stephy 講解肉毒桿菌素肩膊治療時，她已急不及待地問：「鄭醫生，你們私密診所做這麼多修陰治療，有否見過性愛時放屁的個案呢？為何會這樣呢？」

我想了想答：「那些放屁的情況應該是『陰吹』（Vaginal Flatulence / Queefing），即陰道排氣，是由於氣體從陰道排出，

使陰唇產生震動所造成的聲響。陰吹有別於真正的放屁，因為這些陰道氣體應該沒有甚麼味道的。正常來説，平時陰道壁的平滑肌及黏膜的皺摺使陰道內腔塌下，從而排走陰道內的氣體。但據統計，大約 11% 女士的陰道依然含有氣體，而約八成以上的女士在性交時會有陰吹的現象，只是嚴重程度有所不同，未必留意得到而已。我們私密診所的病人，也有不少這種問題，所以見怪不怪了！陰吹主要是源於外陰肌肉乏力，陰道口無力收縮閉合，所以氣體容易湧入，特別是於性交時，抽動的動作更易產生密集的聲響。不過，有些人在日常生活中亦會出現陰吹的狀況，例如練習瑜伽的 Head Stand 動作時，陰道內的氣體往上升便會無緣無故發出聲響來。」

陰道鬆弛　無法射精

Stephy 紅着臉説：「實不相瞞，我跟男友親熱時，陰道正正發出這樣的聲音，很是尷尬！我覺得在進行某些性愛動作時，如趴狗式或反女牛仔式，聲音就更加響亮，簡直好像陰道在奏樂似的，如按鄭醫生你所説的，我猜想可能這些動作令更多氣流跑入陰道所致吧。最糟的是被他發現了我的陰道放屁，以至他近來都不能順利地在我的陰道內射精，最後我要出動口或手才能成事。他直指是我的陰道鬆了，不夠緊緻，沒有把他的陰莖緊緊抓着，所以不夠貼實，不夠刺激，才會導致如此現象。」

我安慰她説：「男士無法射精，原因多的是，可以是心理因素或生理因素等，亦未必盡是因為陰吹，而陰道鬆弛也只是其中的一個因由吧！」

Stephy 一臉憂愁地問:「鄭醫生,你可否替我進行私密檢查?看看我的陰道是否鬆弛了,才導致以上的種種問題?」

完成了肉毒桿菌素瘦肩治療後,我安排她到私密房間進行檢查。檢查所得,其陰道的緊緻度良好,可以容納兩根手指的寬度,處於健康的狀態。而陰戶包括前庭、陰道口等位置也沒有異樣。對於未自然分娩過、沒有創傷過、又無太多性經驗的年青女子,實屬正常不過!只是盆底肌的力度有點弱,強度約為五級量表中的二級,需要多加練習。

陰道炎導致陰吹

Stephy 得知檢查結果後,面露不解之情,我嘗試再說說其他陰吹的原因:「有些個案的陰吹是由於陰道炎,陰道內的細菌產生氣體,所以有排氣現象。但通常會伴隨其他病徵,例如分泌增多、產生異味、陰部痕癢等,需要恰當的治療,才能痊癒及消除陰吹。不過,你並沒有這些病徵呀。」

Stephy 皺起眉頭問:「既然找不到原因,那有甚麼方法可以減少陰吹的情況呢?修陰機治療有幫助嗎?」

我如實地回答:「由於你的陰道根本沒有鬆弛,一切正常,估計修陰機對於你的陰吹起不了很大的作用,只能作為保養之用!你平日可以自己多做凱格爾運動(Kegel Exercise),鍛煉盆底肌,加強肌肉張力,使陰道口能有效收縮閉合,減少氣體湧入。在性

平日多點鍛鍊盆底肌肉，加強肌肉張力。

交前，可以做向後坐的姿勢，嘗試先把氣體從陰道擠出來，以減低陰吹的出現。性愛時可以選用傳教士體位，這種性交動作有助減少陰吹。至於使用潤滑劑，亦可以減少陰莖與陰道間的氣流量，對陰吹會有所幫助……」

聽到這裏 Stephy 突然想起了些甚麼説：「親熱時我感到我倆之間充滿空氣，他曾埋怨像是跟空氣做愛般，陰莖似是在空中飄浮，不是在陰道裏抽插！」

一支鋼筆粗度的陰莖

我心感奇怪地問：「怎會這樣呢？以你陰道的緊緻度，一個正常尺寸的香港男士，應該覺得緊貼才對，無可能會有懸浮空中的感覺。不過，性愛是雙方及相對的，有時候問題未必完全在你身上，也可能在男伴身上，例如男方勃起時的陰莖大小，若過於纖幼，亦會導致以上的性愛困擾啊！」

我似乎道出了重點來，Stephy 猶豫地反問：「我男友勃起時，大約是一枝鋼筆的粗度吧，那是粗還是幼呢？」

一直在旁協助檢查的 Nico 姑娘，這時也嚇了一跳，衝口而出説：「那是很幼啊！陰莖只有一枝鋼筆的粗度，我從來未見過也未聽

過，難怪你的陰道只是兩隻手指的闊度也會感到鬆垮垮啦。」

Stephy 本為 A0 女子，從前並沒有性經驗，小偉就是她的第一及唯一的性伴侶。她一臉茫然地説：「但小偉説過他與過往的女朋友性事愉快，堅持是我的問題，又指控我陰道內的車胎紋太少，陰道過短，不能把他的整條陰莖容納在內，所以我一直以為是我陰道鬆弛所致。」

自我檢測陰道

為了令 Stephy 相信她的陰道並不鬆弛，我直接教她自我檢測以確定真偽：「你可以洗澡後，直接用自己的食指及中指，塗些潤滑劑，慢慢放進陰道。正常情況下，陰道恰好容納兩隻手指寬，並感到緊貼，表示陰道十分緊實；若是能輕易放進三隻手指，那就表示陰道處於鬆弛的狀態了。你今晚回家試試吧，亦可以多點認識自己的性器官！」Stephy 害羞地點頭示意她會嘗試的。

拆解陰道鬆弛的六大原因

我見男方把責任全推給女方，令她如此自責，燃起了我內心的一把火，一定要耐心地為她逐一拆解：「那麼你先要了解引致陰道鬆弛的六大原因吧：

1. 懷孕：子宮韌帶及盆骨底肌肉長時間受壓，造成了盆腔肌肉和筋膜的撕裂，相關支持的韌帶變得鬆弛。而多次懷孕或多胞胎，會令陰道鬆弛更嚴重。

2. 創傷：分娩時的產傷、引產時的損傷、多次分娩、產程時間長、腹腔手術、會陰切開術、其他形形式式的傷害，都會對陰部造成不同程度的破壞。

3. 性愛：擁有多年性史，性生活頻繁，特別的招式，可能出現陰道鬆弛闊大。

4. 腹壓：長期慢性腹部壓力，如長時間站立、提取過重對象、體型肥胖、慢性咳嗽、長期便秘等，引致腹部壓力增加，對陰部造成負荷。

5. 衰退：年齡增長及卵巢功能逐漸減退，特別是更年期後，陰道會自然老化、鬆弛、乾澀與缺乏彈性；不健康生活習慣、暴肥暴瘦、壓力、化療、甚至藥物如抗抑鬱藥物等，都有機會影響體內的荷爾蒙，從而引起陰部一連串的變化。

6. 其他原因：骨膠原代謝的遺傳性疾病，即所謂的先天性陰道鬆弛，但通常會有其他表徵。」

Stephy 搖搖頭道：「在這堆原因中，我只是教學時要經常站立，及需要提取學生的習作回家裏批改，比較重些。這些習慣可以調整一下，預防陰道鬆弛。」

在旁聽着的 Nico 姑娘正頂着大肚快為人母了，緊張地追問：「鄭醫生，你剛才提到生育會導致陰道鬆弛，那麼我是否應該選擇開刀呢？」

我笑了笑回答：「如前所述，懷胎十月中胎兒成長、胎水增多、子宮增大，本身已經對盆腔的肌腱韌帶造成壓力，導致撕裂鬆弛。另外，懷孕過程的荷爾蒙變化，亦會令骨膠原有所轉變，使陰道變得鬆弛。只是剖腹生產可以避免胎兒通過產道的創傷、會陰切開術的破壞及自然分娩前的荷爾蒙變化。因為自然分娩前 24 至 48 小時，陰部的軟化會加劇，當中的骨膠原喪失 95% 的韌度，膠原組織變得鬆弛，難以回復原來狀態，進一步加劇陰道鬆弛的情況。」

Nico 聽得額頭冒汗說：「似乎開刀的影響性較少啊！」

越入越無 FEEL

Stephy 猶豫地問：「老實說，他剛進入我陰道時，感覺不錯的，但之後就空蕩蕩的，我的陰道是否只是前面緊緻呢？」

這是一個人體結構的問題，讓我來分析吧：「正常的陰道，大多是前端較窄，越近子宮頸的位置就擴張變闊，無甚麼不妥。」

Stephy 可能是被男朋友指控陰道的不是，自我形象低落，像被催眠了困在雲霧裏：「原來如此，那麼我的陰道是否真的如他所言這麼短呢？使他無法深入，所以鬆動動呢？」

陰道短過人

我必須拆解她男友帶來的謬誤：「剛才替你檢查時，並沒有異常發

現，你的陰道屬於正常深度。根據《An International Journal of Obstetrics and Gynaecology》的報告指出，陰道平均的長度大概是 9.6 厘米，陰道是一個富有彈性的器官，與男性的陰莖一樣，會隨不同狀態而改變尺寸，所以能夠容納陰莖、性玩具、手指或衛生棉條。在興奮狀態時，陰道會充血，深度可以延伸至 10.7 至 12 厘米，陰道擴張後提起，讓陰莖更容易進入。研究指出勃起的陰莖比陰道長約 33%，所以性交時陰莖不能全放入陰道內，絕不稀奇。」

我補充說：「除了更年期後，因為身體變化，陰道才會變短變窄，否則陰道的深度與年齡之間並沒有特別關係；此外，生育對陰道的長度亦沒有明顯的影響。所以你不必過分焦慮陰道是否過短！」

陰道內車軌紋太少？

Stephy 應該明白多了，但依然有點憂心地問：「不過，他還指責我陰道內的車軌紋太少，令他跳軌。我的陰道是否老化了呢？所以軌紋不再？或是因為我經期來潮時使用衛生棉條，弄損了陰道呢？所以圈圈減少了。」

小偉把 Stephy 的陰道彈到一文不值，我為她不值地繼續解說：「陰道內所謂的車軌紋，就是黏膜組成的皺摺，陰道黏膜大概有 28 層細胞的厚度，更新快速，約四天便可以製造一層全新的細胞了。加上陰道富含血流量，所以陰道的修復能力極高，區區的衛生棉條不會造成甚麼傷害。每個人的陰道都是獨一無二，而陰道內的皺摺也不一樣，根本沒有特定的標準，這不代表有任何異常。畢

竟，陰道除了性愛時讓陰莖進入外，也是經期時讓經血排出的通道；以及在自然分娩時，給寶寶通往這個世界的一條產道。故此，你的車軌紋跟他的前度不盡相同，也不必介懷。」

Stephy 最後還是選擇了由姑娘操作的射頻修陰儀器，作保養之用。數次治療後，她自我感覺良好，但如我所料，對性愛方面沒有太大幫助。

緊緻到盡頭 返不到轉頭

她複診時急不及待地問：「除了姑娘替我進行的修陰機外，還有其他更厲害的儀器嗎？或是其他方法可以把陰道進一步收窄呢？」

我只能按事論事地回答：「你所用的是針對陰道表層的射頻，對於保養性質或輕微鬆弛，已經足夠了，而且沒有康復期，當晚已經可以行房了。當然還有更深更強的射頻年陰儀器，亦有最新推出的微針射頻修陰機，能量可以直達陰道壁 4 至 5 毫米位置，研究顯示效果明顯。不過，你根本沒有陰道鬆弛的問題，所以並不建議進行這類高能量的治療。再者，就算收緊了，對『一枝鋼筆』也起不了甚麼作用！」

「而縮陰手術，更需要深思了。手術需要全身麻醉，會剪去一邊的部份陰道黏膜，然後縫起陰道括約肌。術後必須住院休息，有一定的痛楚，而且康復期長，至少三個月不能進行性行為。另外，手術始終有一定的風險，可能會破壞神經組織及血管、刺穿膀胱、

細菌感染等。縮陰手術絕對可以收緊陰道，但不會增加其彈性，也對乾涸、性交疼痛、炎症沒有療效。如果術後出現過緊情況，可能需要擴張治療。」

Stephy 聽得五官都走在一起，Jenny 插嘴説：「性愛是兩個人的事，不是你一方面不斷收緊呀！你應該為長遠打算，如果萬一收得過緊，之後認識另一個男朋友的話，他的尺寸不是『一枝鋼筆』，而是『一枝電筒』，那又怎樣進入呢？」

Stephy 打退堂鼓了，口震震地説：「我只是好奇問問而已，我應該沒有膽量去動手術的！」

如是這般過了數月，二人的熱戀期已過，Stephy 漸漸清醒過來，慢慢地發現在現實中，除了性事不協調外，二人由學歷程度到經濟環境到生活圈子都有一定的差距。情侶之間的其他問題陸續出現，再者彼此間的價值觀南轅北轍，人生方向與目標也不盡相同。

當一個男人不顧對方感受或故意傷害對方的自尊心，嫌棄女方的陰道這樣那樣，不願去反思或承認自己的「幼處」，反而將責任全部推卸在女伴身上，這樣的男人又怎能共相廝守呢？Stephy 本身的自我形象和自我價值低落，自信心不足，小偉經常刻意地利用她的弱點來踐踏她，相信真愛並非這樣的！所以最後 Stephy 理智地決定把鋼筆換掉，分手收場。

放棄「一枝鋼筆」 換來「一枝電筒」

分手後，Stephy 低沉了好一段日子，情緒低落，以至難以集中精神，心不在焉，失魂落魄的，工作上經常出錯。同班的另一班主任是她大學男同學，已多次替她收拾殘局，見狀問：「Stephy，你究竟發生了甚麼事？以前你做事勤力又細心，甚少閃失或錯漏的。」Stephy 忍不住哭了出來，吐露了她的失戀事。他們在放學後相約出來傾談，數次後，Stephy 的心情開始轉好，亦感受到這位大學男同學對她的愛護與關懷，大家越來越有好感，也有少許曖昧。

四五個月後，Stephy 回來診所再次進行瘦面療程，甜絲絲的說：「直至有一晚，我們晚飯時飲了杯中物，兩個有心人終於發生了關係，纏綿了一整夜，亦確立了男女朋友的關係。這次我才發現原來男人的世界裏，那兒果然別有洞天，粗度竟然可以有如此大分別呢，真是大開眼界！」

Jenny 姑娘抵死地說：「對呀，天上的雀仔也不只一個品種啦！千萬不要為了一隻小鳥放棄了其他大雀呀！」

我也為她高興：「你現在情歸大學男同學，彼此價值觀一致、學歷程度和經濟背景相近，相信二人的溝通應該更容易。你終於能夠打開心窗，找到真正的幸福，我們可以放下心頭石了。」Stephy 這回的戀愛讓她越來越自信，連帶在校內表現也提升了，校內的同事們都對她刮目相看，沒有了欺凌，只有和睦相處和公平對待。

性 愛 可 以 幾 長 ？

星期天相約了中學同學 Emily 一起食 Brunch，大家好久沒見了，一見面還是親切如故，說個不停！這次來到 Murray Hotel 的頂樓，享受豪華海鮮層架配香檳，不只有龍蝦、生蠔、長腳蟹、大蝦、青口、吞拿魚、八爪魚，還有魚子醬等，食材既豐富又新鮮，配上美酒，好友共聚，暢談生活，不亦樂乎！

性愛兩小時堅持不射精

大家說到興起之際，Emily 突然嚴肅地提出問題來：「鄭醫生，你現在主力從事私密治療，我有一事想請教你，男人可否維持兩小時不射精呢？」

我被她突如其來的性愛疑問嚇了一嚇，然後冷靜地回應：「你怎麼忽然轉變話題？幸而我的腦筋轉數也不慢！你所指的兩小時不射精，是由甚麼時候開始計算呢？前戲或是性衝動剛剛勃起一刻開始呀？抑或是由進入陰道後才計時呢？」

Emily 眨眨眼睛不避忌地說：「其實，這是我一位同事的經歷，她婚後每次行房，丈夫都可以維持兩小時不射精呀，認真不簡單啊！至於由甚麼時候開始計算，我就不得而知了。」

勃起過長未必佳

我讚嘆道：「這麼厲害，世間奇人奇事多是，他應該有特異功能吧！不過以我所知，陰莖勃起過長亦未必是一件好事，若陰莖充血持續勃起多過四小時，可以診斷為陰莖異常勃起（Priapism）。這通常與性慾無關，但至今病因未明，可能與藥物、神經或血管有關，是一項醫療緊急事故（Medical Emergency），需要立即就醫，否則有機會造成陰莖組織不可逆轉的壞死，可引起永久性陽痿。」

Emily 聽得額頭冒汗說：「我還以為勃起越久越好，伴侶兩人就應該越開心，當時還羨慕她有這麼持久的丈夫！沒想到原來可以落得如此下場，連小弟弟也保不住。」

最完美的性愛時間

我飲了一口香檳，慢慢地說：「提到性愛時間的持久度，必須認識陰道內射精延遲時間（IELT, Intravaginal Ejaculation Latency Time）了，指陰莖進入陰道後在射精前可以持續性交的時間。這時間因人而異，而同一人每次性行為的 IELT 也會不同，可能受身體狀況、情緒狀態、性愛技巧、環境因素及藥物而有所影響，更可能隨年齡而漸漸減短。IELT 絕對會影響伴侶對性愛的感受及滿意度，根據一個對 500 對情侶的研究，IELT 實際約為 5.7 分鐘，但理想的時間為 16 分鐘。而在對 4,000 位女士進行的調查顯示，她們渴望更長一點，希望擁有 25 分鐘的 IELT。相信最完美的 IELT，並不

是在乎時間的長短，而是能讓男女雙方得到性滿足的時間。」

Emily 認同地點點頭：「他倆曾經是我們心目中的金童玉女，不但俊男美女，家境相符，學歷又相若，而且同年同月同日出生，二人時常出雙入對，甜蜜滿瀉，閃爆我們，拍拖數年便結為夫婦，順利置業買車。可是，不知怎的婚後情況大逆轉，這位同事對丈夫的怨言多多，嫌他在家光着身子，走來走去不知廉恥，弄得恥毛隨處掉，污糟邋遢！我還記得她婚前，甜絲絲地分享：『我倆在家，會成了亞當和夏娃，一絲不掛赤條條的，享受家中天體的樂趣，無拘無束，自由自在，隨時隨地都可以親熱，每天性愛數次，既滿足又快樂！』」

我不置可否地微笑地說：「你這位同事果然不受束縛，坦蕩蕩的暢所欲言！相愛熱戀的時候，對方放個屁都是香的；但當愛意減卻時，連呼吸都是錯的，甚麼也看不順眼了！」

完美婚姻　性愛缺席

Emily 吃下她最愛的龍蝦說：「不過，他們現在已大不如前了，聽聞感情和性生活都起了巨大的變化，做測量師的丈夫經常推搪疲倦，性事不止一個星期沒有，而是數個月也沒有，就算勉強行房，她先生可以堅持兩小時不射！她前陣子淚眼汪汪的對我訴說：『一段夫妻關係不是應該有正常的性生活才稱得上美滿的婚姻嗎？至少一星期一次吧？至少可以射得出吧？究竟是我不夠吸引了？還是他有甚麼問題呢？現在我們不但性事失調，就連溝通也變得困

難！我們住在同一屋簷下，每晚睡在同一張床上，每天上班下班，雖然一起生活，但卻各有各的世界。我覺得婚姻生活不應該如此乏味，在我的心目中，一對夫婦應該要分享日常的瑣瑣碎碎，及心靈上的喜喜樂樂才對吧！』」

Emily 自言自語地説：「我也認為一段圓滿的婚姻關係，性生活是不可或缺的。大部份人覺得男性射精才有高潮，當性交沒有射精時，女伴質疑自己不能滿足對方實是在所難免的。性愛不但有助夫婦的親密感覺，聽聞它還可以分泌催產素、放鬆肌肉、幫助睡眠等，這種成人運動兼有瘦身效果，可以消耗脂肪，好處多多！」

夫妻間現鴻溝　關係不似預期

我感嘆地道：「看來他們夫妻間出現了巨大的鴻溝，應該需要婚姻輔導及性輔導的專業幫助。」

Emily 急忙地説：「鄭醫生，你果然料事如神！他們已經去了見婚姻輔導員及性治療師尋求協助，希望找出方法處理好婚姻關係。可惜的是經過幾次輔導後仍然困難重重，拉鋸了好一段日子，整段婚姻關係還是無法改善。在輔導期間，她的先生被意外發現有輕度自閉，所以在社交層面和溝通方面不似預期。聽說他向來沒甚麼朋友，總是做些重複性的活動，例如跑步、健身等。」

我開始吃海鮮層塔最上層的魚子醬了，果然鹹香無比，並回應道：「這些運動非常健康呀！起碼他沒有婚外情或光顧性工作者，顯

然不是因為性慾得不到滿足，才對你的同事失去興趣，而只是為人比較沉悶沒情趣吧！輕度自閉的人士，只要找到適合自己的工作類型，應該可以應付自如的。」

Emily 略有所思地説：「鄭醫生，你真是正面到呢⋯⋯老實説，我對輕度自閉患者十分熟悉，因為我家中也有一位——我的爸爸正是一個活生生的例子！他向來沉默寡言，亦沒有太多面部表情，更不懂表達自己的內心情感。他每天有固定的生活模式，零社交生活，畢業至今做同一份工作，從未轉工，平靜度日。不過，他擔起了全家的經濟擔子，養大了我兩姊妹，媽媽可以安份地做她的家庭主婦。她似乎早已習慣了這樣單調的生活方式，早就接受這樣安份守己的丈夫，平平淡淡地白頭到老！」

我有同感地説：「Uncle 確實有他的本事，若另一半明白接受，那便可以和平共處，擁有美滿的家庭了！可是你那位同事所追求的夫妻生活跟你媽媽的有所出入，所以才會出現這個困境。」

女友墮胎以致終生不「射」

Emily 望一望餐廳外的風景，然後嘆了一口氣吐出秘密來：「啊！他們進行性愛輔導時，發現了她先生兩小時不射精的背後原因：她婚前曾經意外懷孕，但由於那時剛處於事業起步期，並沒有計劃結婚，更沒有做父母的心理準備，還不是結婚生子的時機，所以最後決定忍心墮胎，失去了一條生命！她先生把責任歸咎於自己射精所致的惡果，可能對他造成重大的打擊，自此影響了他的

性愛態度，不敢再射精，也不敢過分親近，關係因而變得疏離。」

謎團終於解開了，原來他有這樣的一個心鎖，怪不得會造成如今的情況！

完成了海鮮層塔後，終於來到了主菜，Emily 吃了一口她點的烤羊排閉上眼睛說：「經過一些時日後，她覺得這樣的婚姻生活太沒意思了，結果萌生離婚的念頭。有次她控制不了自己將『離婚』二字脫口而出，丈夫聽到後，一反常態，如火山爆發般暴躁起來，激動得打爆了廳中的電視機。」

當有一方步向暴力行為，婚姻關係便難以挽回了！

婚姻關係因暴力行為而摧毀

未進入已射精

Emily 睜開眼睛吞下羊肉繼續說下去：「這次事件後她決意離婚，因為她深深明白丈夫的性格和行為不容易改變，未來的日子也會如是，所以找了律師辦理手續，夫婦關係進入了『冰河時期』。聽說在此期間，可能由於她先生在性愛上的冷對待，她寂寞難耐，在工作上的一次活動上，她結識了一位中年男士，向她大獻殷勤，聊起來還十分投契。不久二人便『撻着了』，既醞釀了感情，也有了性關係。比較她先生維持兩小時不射的神奇紀錄，這位男友卻是未進入已經射精了，完全是南轅北轍的兩個人呢！」

我聽後心裏有數地回應：「那是早發性射精（Premature Ejaculation），即早洩啊！據統計，大約 30% 男士有同樣的問題，有機會是因為血清素的傳遞出錯。他們可能在性交一至兩分鐘便射精；差不多每次性愛都無法延遲射精子的時間；早射精令他們產生負面情緒，如困擾、絕望和失落等。」

Emily 呆了呆問：「她真的遇人不淑！一個『射唔出』，一個『早咗射』！為何射精可以導致這麼多的煩惱？究竟它的機理是如何呢？」

主菜我選了牛扒，果然沒令我失望。談到射精這個話題，我唯有科學地拆解一下吧：「那要由陰莖的物理性摩擦說起，腦部會感受到無比的性歡愉，然後通過脊髓射精中心（Spinal Ejaculation Center）發生射精的自然反射（Reflex）。而射精反應可分為

兩個階段，第一階段是釋出期（Emission），肌肉的節奏性收縮，將精液排向尿道並擴張，迎來高潮；第二階段是射出期（Expulsion），膀胱頸關閉，尿道外括約肌放鬆，精液被推出尿道。一般來說，年青人的射精距離可達 30 至 60 厘米左右，長者會大幅度減至 15 厘米。這個過程通常會伴隨性高潮，進而引發骨盆底肌肉的不自主收縮。」

如何鍛煉「小弟弟」？

Emily 好奇地問：「想不到男人的高潮及射精反應也與骨盆底肌有關，那麼若他們勤做骨盆底肌運動有幫助嗎？」

我品嚐着肉汁醇厚的牛扒，然後簡潔地回答：「絕對有用啦！凱格爾運動，有助射精的控制及性高潮的感受，可以改善性功能障礙，緩解膀胱過度活躍症、壓力性尿失禁……」

這時 Emily 插嘴問道：「話說回來，她那新歡的早洩有甚麼治療方法呢？」我想一想告訴她：「有的，如大家耳熟能詳的壯陽藥物或血清素等，亦可以尋求心理治療或性愛輔導，而骨盆底物理治療也有所幫助，也可以嘗試塗抹麻醉藥膏以減低陰莖的敏感度，從而延長射精的時間。」

我想起了一個自救的方法：「對於早洩，還可以進行『停止－再刺激法』（Start-stop Method）的自我練習。無論自瀆或與伴侶性愛，當即將射精時，就立即停止性刺激並緊握陰莖，直至陰莖

稍微變軟，讓臨近高潮的感覺消退。然後再度刺激，想射精時重複以上動作，如是者連續三次反覆練習。每星期進行三天這樣的鍛煉，日子有功，定必進步！」

「聖人模式」強制「小弟弟」休息

Emily 吃完了主菜，喃喃地道：「原來可以如此鍛煉『小弟弟』的！一定要盡快告知那位同事，聽聞她的新歡雖然早洩，但一晚可以再接再厲幾回，只是屢戰屢敗而已，究竟是她誇張失實？還是真有其事呢？性愛後不是有『聖人模式』的嗎？為何可以這麼快又再次起動呢？」

等待甜品的同時，讓我解答她那連珠爆發的疑問：「這情況稱為不應期（Sexual Refractory Period），是射精後的一段時間，『小弟弟』被強制休息，對性刺激沒有任何反應，是一個保護機制，以免過勞虛脫及可以補充精子，一般男士為 11 分鐘至一小時。當中可以分為絕對不反應期（Absolute Refractory Time），即絕對不會有甚麼性反應；或相對不反應期（Relative Refractory Time）只是減低性反應，只要得到較強烈的性刺激，還是會再度勃起來的。年輕人的不應期較短，可能只是幾分鐘而已，所以一晚可以性交幾轉，完全不足為奇！至於年長人士的不應期，可以長達 12 至 24 小時不等，所以不要期望當晚可以梅開二度！」

生蠔有助性能力嗎？

我倆傾得「性」起，Emily看着一堆蠔殼問：「這些生蠔鮮甜可口，海水味豐富，肥而不膩，還帶點金屬餘味，層次豐富！坊間流傳生蠔可以提升性能力，真的嗎？」

見她如此「好學」，我就略為解説：「這個都市傳聞相信是由於生蠔含鋅量豐富，而低鋅或鎂水平與睪丸酮缺乏症（Testosterone Deficiency）相關，才會有這樣的聯想！一般來說減少精製食物及奶類製品，增加蔬菜水果，特別是抗氧化物，對於精子環境有一定的幫助。據説椰棗有助生育能力，可以增加精子數量及活動能力，提升睪丸酮水平及性慾。有些食物如西瓜，可以增加釋放一氧化氮（NO, Nitrate Oxide），提升陰莖的血流量，改善勃起功能障礙（ED, Erectile Dysfunction）。老實説，與其進食甚麼壯陽食物，倒不如保持身心健康，飲食均衡更實際。」

果然食色性也，這次好友共聚，不只吃得滿足，而且談得暢快，食、色、性共冶一爐！自閉症可能為生活帶來一些障礙，但經過適當的調整及輔導，大部份輕度患者應該可以正常生活，他們的感情依然能夠長相廝守，擁有美滿的家庭。不過説到尾，還是要看大家的愛有多深，能否包容、了解和接受對方，才能一起努力取得平衡，攜手走向共同的人生路。

「丈夫」的情人
竟然是母親

這些年來各有各忙，與好友Lisa久未聚會，這晚難得大家都有空，她便相約我到中環一間新開的餐廳試菜，饞嘴的我當然欣然赴約啦！Lisa是一位50來歲的家庭科醫生兼單身貴族，平日除了工作便沒甚麼興趣，放假除了到教堂做禮拜，唯一的嗜好就是吃了。她的社交媒體，上載的盡是不同餐廳的美酒佳餚，亦包括她詳盡的食評，她絕對可以稱得上是一個專業的Food Blogger，這也是她減壓的良方。

還記得我醫學院畢業後，隨即到家庭醫學專科接受在職訓練，就是在那時認識Lisa的，她可說是我的同科師姐。我們曾在同一診所一起睇症、返夜診、研究病例、探討輔導技巧（Counseling Skills）……，眨眼間她已經晉升為部門的顧問醫生，擔起了整間診所的擔子。

催眠治療失眠？

這所餐廳別具風格，我倆一見面便說個不停，好一會才坐下點餐。吃着說着，怎不快樂！Lisa吃過慢煮和牛後，滿意地點點頭，對

我説起從前:「我記得你過往對 Counseling 頗有興趣,我倆還遠赴澳洲學臨床催眠(Clinical Hypnosis)。」我微笑道:「對啊,不知不覺已經是 20 年前的事了!當時行醫經驗尚淺,診症時間中會遇上幾個身心病患者,單靠一般的 Counseling 未必能夠完全應付得來,所以想學點臨床催眠,希望可以從另一方向幫助病人。學成歸來後,我曾試過運用催眠來協助病人戒煙、減肥、濕疹止痕、改善失眠等,確實可以起到一定的作用。不過,後來工作越來越忙碌,兼顧不下,所以再沒有進行催眠治療,現在已經生疏了。」

Lisa 醫生接着説:「我有時候也會用上催眠技巧,配合輔導及認知行為治療(CBT, Cognitive Behavioral Therapy)等具臨床實證的心理治療,去處理病人的情緒困擾。但日子久了亦不外如是,來來去去都是差不多的原因,男的通常是因為金錢、工作等問題;而女的通常是因為感情、家庭等事情,引致身心失衡。可能因此直接造成抑鬱症、驚恐症、焦慮症或強迫症等;亦可能慢慢地引致形形式式的身體毛病,例如失眠、胃痛、肚瀉、頭痛等,做盡檢查也找不到病因;最後導致患者不能如常地生活,不只影響個人能力、家庭生活、工作狀態,甚至損害社會經濟。」

我投以認同的眼神:「其實,這些治療極度耗費精力,有時比醫病更加費神!因為醫生在治療的過程中,可能接收了不少來自病人的負能量,所以我每次應診後都會感到虛脱疲累,事後必須跟同僚分享一下,好讓自己也舒緩情感上的負擔,才能平衡心態。」

一宗驚嚇的個案

Lisa 突然想起了甚麼，嘿了一聲説：「那我就要和你分享最近一宗驚嚇的個案啦！」見她這樣虛張聲勢，我忍着笑問：「那是甚麼案例呢？你縱橫家庭醫學這麼多年，經驗如此豐富也會感到驚嚇？」

她煞有介事地俯身向前告訴我：「那是一位漂亮的病人，我們暫且叫她阿玲，五官標致可人，身材玲瓏浮凸，可説是有樣有身材，實在找不到一處可以挑剔的地方，連女人也忍不住多望兩眼，她比最美麗的港姐還要美 ……」

我不禁懷疑 Lisa 醫生是否轉行做了醫美，竟變了「外貌協會會長」！我急不及待地插嘴：「那麼這個阿玲究竟經歷了些甚麼呢？」

Lisa 降低聲線徐徐地説：「她最初只簡單地説睡不好，經常失眠，精神難以集中。在諮詢過程中，我感到她的情緒有點低落，絕不能就此開藥給她回家去睡覺，必須探究下問題的源頭。」

現實比電影更戲劇化

Lisa 繼續説：「阿玲大約 20 中，已有一名兒子，剛滿兩歲；而她的『丈夫』接近 50 歲了，已經結過兩次婚，原來她這『第三任太太』只是掛名而已，並沒有正式註冊。這對老夫少妻的組合本來沒有甚麼出奇，『先生』一直寵愛阿玲，性事頻繁。只是『先生』不太理會年幼的兒子，冷冷淡淡的，像是愛『乸』唔愛『仔』，可能由於『丈夫』跟前任太太們已有的幾名成年的兒女，所以根

本不乏孩子！」

我不解地問 Lisa：「這些老夫少妻的個案比比皆是，有甚麼出奇呢？」Lisa 嚴正地回應：「鄭醫生，不必心急，還未到重點啊，好戲在後頭。」

「有一天，阿玲因為兒子發燒了，便帶他來診所，我只是循例地了解孩子的情況，沒想到才一問，她便傷心地哭了起來。待她平靜下來，終於可以強忍着淚水哽咽地說：『昨天，我本來帶了囝囝去上 playgroup，但上到一半發現他臉紅紅、熱哄哄，沒精打采，便提早帶他回家休息。到埗後，立即為他探熱，果真發燒，服下退燒藥，再貼上退熱貼後才好了些，誰知過了一晚體溫又再回升。』」

我搭訕說：「這位年輕母親，真是愛子心切！一場高燒，已經弄得她這麼傷心欲絕。」

母親正為丈夫進行口交

Lisa 不理睬我，繼續她的故事：「原來她那天安頓好兒子後，回到自己的房間，打開房門便看到一幕『震撼人心』的情境！原來她目睹自己的媽媽跟自己的丈夫，赤裸裸地躺在床上，媽媽正為丈夫進行口交呢！當時嚇得她目瞪口呆，不知如何應對，那景況不只是尷尬，直情是恐慌！」

映入眼簾的情境令人
瞠目結舌

故事的高潮忽然襲來，我聽後也呆着了，不知如何反應過來，果然驚嚇！

Lisa 喝了一口紅酒道：「阿玲是在單親家庭中長大的，媽爸在她年幼時早就離婚了。她媽媽也曾是我的病人，若果說阿玲是個大美人，她的媽媽便是絕世佳人了，阿玲完美遺傳了媽媽的基因。她媽媽毫無老態，看去只有 30 歲中似的。她的真實年齡應該跟阿玲丈夫的年紀更接近，可能溝通得更好，更合得來吧！」

「阿玲憶起當時的情境又再淚眼汪汪起來：『他倆以前一直有講有笑，十分投契，我以為只是家人間的融洽相處，沒料到她連女兒的老公她也搞上了啊，她自己亦有不少男朋友，而且年齡廣泛，為何會如此飢渴呢？』」

我定了定神後問：「那麼她最後如何處理？有沒有跟丈夫和媽媽問個清楚呢？」

性愛解畫

顛覆傳統道德觀念

Lisa 無奈地答:「她那一刻絕對憤怒、絕對激動,像火箭般跑出了街。冷靜過後卻不敢言,根本沒有勇氣向丈夫追問究竟。阿玲覺得自己並沒有一技之長,每天只懂得『扮靚』和健身。『結婚』後養尊處優,不但沒有賺錢能力,還習慣了奢侈生活,日常花費開支多不勝數。當想到這一層,再加上顧慮到兒子的生活費,她已無力去質問丈夫了。」

Lisa 吸了一口氣説:「媽媽方面,她是有追問的,但阿玲媽媽竟然平靜地反問她有甚麼大不了:『説實在,你倆又沒有註冊,算不上甚麼法定夫妻,最多只是同居關係吧了!而你不過是未婚產子,我也不算拆散你們的家庭,因為本來就沒有家庭可言。何況他就算不是有我,出面亦會有第二個,你不要這麼天真吧!』」

我嘆了口氣不禁回應:「她媽媽的道德觀念簡直顛覆傳統,難以理解她的思維!不過,世上複雜的關係多的是,作為局外人,有時實在無法去判斷對與錯。但我始終覺得阿玲身體健全,有手有腳,又怎會沒有能力自立呢!人生是有選擇的,要看自己想怎樣作出抉擇。可能有這樣的一個母親,從小到大也會受到一定程度的影響,可能價值觀多少也有點扭曲吧。」

口交中找到高潮

Lisa 吃了一口甜品説:「那也要看她的成長過程和人生經歷,所

遇到的人與事,有否『善知識』的帶領,有否智慧作出明智的決定,最後想擁有怎樣的人生。其實,整個故事我最搞不明白的是為甚麼他倆會口交呢?嘴巴是用來吃東西的,怎麼會用來性交呢?簡直是功能錯配,太過噁心、太恐怖了!」

我和 Lisa 醫生從未討論過性愛話題,沒想過一開始就出現分歧了:「根據歷史記載,遠在古代已有口交這種性行為,可以從中西不同時代的畫作得到見證,並非今時今日才有的。當然不同的文化和社會,對此行為存在着不同的意見。但不能否認的是,口交也是伴侶二人彼此信任和愛戀的表現,是性愛中的一部份,是一種親密的行為。它可以作為前戲,刺激愛液的分泌,減少性交時的摩擦,亦可以提升雙方的性慾望、性興奮和性滿足。若果口交技術高超,甚至可以因此達到性高潮,不少女士能夠從口交中找到外陰高潮。」

Lisa 的五官都皺在一起了:「人類為了性快感,真是無所不用其技!怪不得越來越多性病,關係亦變得越來越混亂,甚麼 SP(Sexual Partner)、FWB(Friends with Benefits)、PTGF(Part-time Girlfriend)、MBA(Married But Available)……」

口交演變成口腔癌

我暗笑道:「這些關係確實有點兒複雜,我也搞不清楚!不過,口交相對陰道性交或肛交,得到性病的機率會比較低。當然也建議口交時戴上安全套或口交套,做足安全措施,以防萬一,因為

口交並不代表不會感染到性病，特別當口腔內有傷口時，如痱滋，風險就更高了。故此口交前後，不宜刷牙、剔牙、牙線清潔、進行牙科程序等，以免弄損口腔。」

Lisa 醫生忽然想起了：「我曾見過一些個案，因為口交感染了衣原體（Chlamydia）和人類乳頭瘤病毒（HPV, Human Papillomavirus），還演變成口腔癌，絕對得不償失！我是第一次聽到口交套的，那是甚麼東西呢？」

我盡量為她解釋：「除了男士戴的安全套可以起保護性作用外，口交套亦能夠避免嘴巴與性器官直接接觸，有助減低性病的傳染。它是一塊方方正正的乳膠薄膜，故又稱口交膜，有各種的味道和款式，任君選擇，用於覆蓋私處，預防性病之餘，又可以加強衛生，解決氣味問題。」

食物與性事融合一起

Lisa 附和道：「果然想得周到，相信還有口交液吧，應該是作潤滑之用及增加情趣的，吞下也沒甚麼問題呢！性愛的世界太多新奇創意，會否用果醬、煉奶、花生醬來增加慾望呢？正所謂『食色性也』，食物與性事融合一起。」

Lisa 醫生的想像力實在豐富，我笑答：「的確有人會使用這類食物塗在性器官上，舔之以增添性交樂趣。但這樣似乎不合乎衛生，食物有別於性玩物，不應該用於私處。另外，亦有些人口交時，

習慣用口水去濕潤性器官。他們可能不清楚口水的含菌量也不少，又容易乾，起不了持久的潤滑功能，更會增加感染風險。」

吞精補身？

Lisa 聽到皺起眉來說：「感覺骯髒得很，難以接受性事與食物口水玩遊戲！聽聞還會有人將精液、愛液吞下，以作補身之用，真是天方夜譚！究竟這兩項東西有甚麼營養價值呢？應該不如飲牛奶或豆漿吧！以精液為例，精子佔不到 1%，九成以上都是水份，當中含有些脂肪、蛋白質、糖類、色素顆粒、無機鹽、酶類、磷脂、氨類等，用以提供精子養份。就是精氨氧化後令精液略帶點腥味，絕不是甚麼美味佳品，不必特意品嚐。精液是用來繁衍後代的，吃下雖然無害，但也不會帶來甚麼益處，更談不上甚麼補身之效。」

「我只想到口交最大好處就是不會懷孕，即使吞下精子，經過食道、胃部、小腸和大腸後，也不會走到腹部的子宮，因為生殖系統和消化系統是不可能相通的，所以是一種絕佳的避孕方法。」

口交險淪為太監

我舉起拇指大讚：「Lisa 你說得非常對！記得以前在急症室工作時，曾經遇過一位男病人因為包皮過緊，口交時伴侶不斷吸吮他的陰莖，非常投入，結果包皮被推後了，卡在龜頭的後方，不能撥回去，箍着陰莖，因此腫了起來，成了嵌頓性包莖

（Paraphimosis）。無計可施之下，便跑來急症室求救。幸而得到適切的治療，才可以保住他的命根兒，不致成為太監！」

Lisa 瞪大眼睛説：「想不到口交也會造成如此嚴重的後果，如果他沒有及時到急症室，情況持續數小時，陰莖血流不通，便可能導致組織壞死，所以絕不能貪一時之快。那麼口交前後，有甚麼需要注意的地方呢？」

口交注意事項多籮籮

就讓我在 Lisa 師姐面前表現下吧：「除了以上所提及的注意事項外，事前也可以將恥毛作適當的修整，或乾脆用激光脱掉，以免濃密的毛髮阻礙口交，降低接觸感覺。重重的毛髮森林不但遮蓋了性器官，還會產生濃烈的氣味，可能減低伴侶的性慾。」

「此外，口交前不宜進食辛辣或濃味的食物，避免刺激到敏感的私處。當然可以事先使用漱口水取代刷牙，來清理口腔和清除細菌，但應選擇不含酒精成份的漱口水，以防影響到性器官。也要確保口腔沒有傷口，及性器官上沒有異常的紅腫、破損、水泡或分泌物等跡象，如有任何發現或懷疑，就應該暫停所有性交活動。」

Lisa 一邊品嚐她的甜品，一邊聽着我説：「口交時，除了用嘴唇吸吮、用口腔包含、用舌頭舔外，也有人會用上牙齒，由於牙齒可能會刮到脆弱的私處，若一旦弄傷流血，就會增加感染風險，所以不要鋌而走險。更有些男士為了顯示雄性魅力，會將陰莖伸

至女伴的喉嚨，這可能導致反胃或嘔吐，極度危險，所以女伴應該用手握着男伴的陰莖，以防他頂得太深入而出事。」

我一口氣道來：「最後，完事後，要多加注意口腔的變化，若出現不正常的情況，例如喉嚨痛、痕癢、多痰、傷口浮現或發燒，應盡快求醫，排除性病或其他感染。」

Lisa 終於完成了這頓美味的晚餐，看來她相當滿意，應該會給予甚高的評價：「想不到口交有這麼多要注意的地方，看來它已成為了性行為之一，可能是我落伍了！不應主觀地給予它過分負面的標籤，才能與病人溝通得更好。」

至於她的病人阿玲，聽説最終還是選擇離婚，用自己作為生招牌，在網上經營泳衣、運動服裝店。後來更取得瑜伽導師牌，在健身室教瑜伽班，還製作影片，成了網紅，收入可觀！她靠自己的雙手重過新生活，這一步相信對她來說並不容易。但為了兒子和自己，她能夠勇敢地踏出去，決心尋找自己的世界，總算走出了自己的路，活得更有尊嚴，更加精彩！

產後急不及待重拾性趣！

香港人生活急促，做甚麼也要快，沒料到就連產後的性生活也想快！説到「快」字，我不期然地聯想起一位病人 Angie。從事廣告創作的她，每日都忙個不停，廣告 Project 一個接一個，她不只做事有幹勁、高效率，而且每個作品也令人眼前一亮、充滿驚喜。這些年來無論如何忙碌，她每年總會定時定候到診所來「修補」一下，眨眼間與她已經相識十多年了，看着她在事業上扶搖直上，在感情上閃電結婚，組成了自己的家庭。

想起來已好一段日子沒有見 Angie 了！這天她突然出現在我眼前，有點「來如風」的感覺。Angie 以一貫急促的步伐走進我的醫生房，隨即連珠炮發地説：「鄭醫生，我想進行修陰機治療呀！我幾經辛苦終於生了 BB，現在一定要快點修復好私密處，所以一生完我便想起你。」話還未説完，她已站起來躺到醫生房的病床上，像要我立即為她檢查似的。多時未見，這位女強人似乎未因角色轉變而慢下來，行動還是像以往一樣「快如電」！

產後修陰好時機？

我慢慢地走到床邊説：「不要這麼心急啦，讓我了解清楚先！BB 多大了？是男是女呀？出世時多重？是自然順產還是剖腹分娩

呢？你説『幾經辛苦』是甚麼意思呢？現在陰部有否遇到甚麼問題嗎？」一問之下才知道原來她產後還不足一星期，就「趕着」來「探」我呢！

Angie 眼神急切地回答：「鄭醫生，由於我遲婚，又想有 BB，所以婚後就迅速努力造人，以為可以將勤補拙，奈何每個月總是落空！當然，我們也嘗試了各式各樣的生仔秘方，無論是中醫的生仔神茶、流傳已久的『清宮圖』、坊間的生仔飲食法、體溫計算法、排卵試紙等等；還是西醫的排卵丸、排卵針，無一不試，但都是失敗收場。年過 40 就更加心急了，最後我們選擇了體外受精 IVF（In Vitro Fertilization），經過了數次才能成功，成為超高齡產婦，這個家庭成員實在得來不易，只好感嘆生兒育女並非理所當然的事！這就是我為何説『幾經辛苦』的意思。」

我望着她語重心長地勸説：「懷孕這回事有時候確實越心急越難成事的，現在成功誕下寶寶，真是可喜可賀！你要好好休息，乖乖的坐月，調整好身心及角色呀！」Angie 急不及待地説：「多謝鄭醫生！我就是趁着坐月的時間，趕過來你診所做修陰機，希望可以盡快修葺私處。雖然這次是剖腹生產的，胎兒並沒有經過產道，我產後陰部也沒有甚麼病徵，但相信懷胎十月期間，始終會對陰道造成一定的壓力，畢竟預防勝於治療嘛！」

這位新手媽媽果然有效率：「防患於未然當然好啦，但產後一星期並非進行修陰機的適合時機呀！懷孕分娩後，女性的身體像是經歷了一次大地震，先要清理頹垣敗瓦，才能重建家園。一般

來說，剖腹生產至少要等三個月，才能進行修陰機療程；若是自然分娩，就應待第一次月經來臨後才進行。如果餵哺人奶，就暫時不建議進行療程了，因為難以估計會否影響母奶。」Angie 聽後有點失望，像是大失預算似的。「你不如先行回家坐月，調理好身體及照顧好 BB 吧！新手媽媽要學習的事情可多呢，之後再處理陰部問題也不遲。」我只好以過來人的身份，循循善誘地勸她。

產後提早更年期？

Angie 聽罷有點不情願，但總算聽話回家了。誰知不到一個月她又忽然走了上來，這次見她似乎有點憂心忡忡：「死啦鄭醫生，今次大件事了！我的月事遲遲還沒來，而且與先生行房時發現有些困難啊，不知是否提早更年期呢……」我沒好氣地說：「鄭醫生未死呀！你產後還未到一個月，按理未有月經實屬正常。至於行房方面，有甚麼困難呢？」

Angie 垂頭喪氣地回答：「首先，我完全沒有性慾，而且陰道也沒有分泌，性行為時又乾又痛，一點也不享受，更不用說高潮了！我曾經看過你的文章，更年期後的性交疼痛也是這樣，我現在已年過 40 歲了，相信應該是早發性停經吧！」

我嚴肅地解說：「早發性停經（Premature Menopause）是指在 40 歲前卵巢功能衰退並出現更年期跡象，你這個年紀應該不太可能吧！至於產後性慾下降，屬於常見現象，不必過份憂慮。婦女

生產過後，無論生理和心理上都有所轉變：生理方面，產後傷口會有一定的痛楚，惡露又未清，而且陰道亦較前鬆弛。自然分娩的會陰傷口，約一星期表面損傷就會癒合，但深層組織則需六星期才能完全康復。就算你選擇剖腹產子，肚皮的刀口復原了，但受損的子宮也需要更多的時間重整。所以不論順產或剖腹，產後身體都會出現不同程度的創傷，女士需要時間休養生息。」

產後性慾不再來？

Angie 忍不住插話：「我還以為我剖腹生產並沒有傷及陰道，只要待惡露漸減，就可以盡快和先生回復親密關係，畢竟他已忍耐了好幾個月，有點按捺不住也是人之常情，沒想到原來自己還是會元氣大傷！但為何陰部會這麼乾燥呢？行房時一點分泌也沒有。」我仔細地為她逐一講解：「其實，產後婦女會受催乳激素的影響，這種母愛荷爾蒙，直接使性慾下降；另外，由於產後的雌激素偏低，陰道會變得乾枯，尤其是餵哺母乳的女士，『陰乾』的情況就更明顯了。這可說是身體啟動了自我保護機制，避免母體在短時間內再次受孕，有助身體得到充足的休養及修復，亦讓媽媽可以全心全意照顧剛誕下的嬰兒。」

外觀走樣難面對？

經過我一番解釋，Angie 總算釋懷下來：「原來如此，聽落頗有道理，只要我不是更年期就好了！老實說，當了媽媽後，生活上角色的轉變，我也需要些時間去適應及調節，加上要照顧寶寶，

有時候真是身心俱疲！但又不想冷落他，深怕二人的關係會變得
疏離，所以便想一盡『妻子責任』吧！其實，產後這段日子我根
本對性事缺乏興趣，又因擔心陰道乾涸受傷而變得緊張；又怕弄
醒 BB 以致難以投入；又憂慮行房時被老公發現身材走了樣、皮
膚多了色斑、肚皮鬆弛了、出現妊娠紋、會陰顏色變黑等等外觀
變化，所以每次都關燈行事，盡量遮遮掩掩，一點也不暢快！不
能不承認自我形象跌入谷底，故此心急如焚地想找你處理一下。」
Angie 徐徐地吐露她的心聲。

Life is full of little interruptions.

我同意地回應：「有不少產婦因以上種種問題而不敢行房，有些甚至出現繼發性進入障礙，即是陰道痙攣，令伴侶的陽具難以進入。而患有產後抑鬱的媽媽，更有失眠、頭痛、情緒低落、暴躁等症狀，亦會失去性慾，使情況更為嚴重。此外，另一半的心裏也可能會有種種困擾，以致產後性生活失調。一般來說，當傷口復原後，雙方在生理和心理上準備就緒，大概產後 6 至 8 週，經醫生檢查後，確保一切正常，便可以自然進行，以免細菌感染引發子宮發炎。研究發現，生產前後夫妻適度的性生活，有助降低產後憂鬱、性冷感等。」

產後性愛小貼士

Angie 雀躍地說：「原來性愛有這些好處，那麼產後第一次性行為有甚麼應該注意的呢？」我想了一想，再為她娓娓道來：「基本上大部份性交體位也適合的，可考慮側臥、後入或男上女下時用枕頭墊高臀部，減少觸碰會陰傷口而帶來的不適，你既然是剖腹生產就不必擔心了。最重要是男性進入時要緩慢及輕柔，不可一下子太深入，避免進行激烈的動作；另外，雙方要充份溝通，男方可以多些讚美太太，欣賞伴侶升格為人母的另一種美感，丈夫的態度要比以前更溫柔，更懂得憐香惜玉。謹記初次行房時間不宜太長，應該逐步漸進，建議增加前戲部份，以刺激分泌，若然還是太乾，可以使用潤滑劑輔助。孩子方面，可以預先交給親人照顧，兩人找一個合適的地方放鬆下，例如到酒店『宅度假』（staycation），在沒有打擾及不需擔憂的情況下，享受產後首次的性行為。」

Angie 有點一言驚醒:「鄭醫生,早知一早問你攞貼士啦,唔使搞到咁辛苦!不過,我也擔心產後陰道鬆弛,雙方的性愛感覺會大不如前,現在又未能做修陰機,有甚麼方法嗎?」

性愛何止陰道性交一種?

我打趣地答道:「你倆這麼恩愛,若要產後『偷步』,性愛又何止陰道性交一種呢?還可以用手或用口,也可以愛撫或親吻等,藉此保持雙方的親密度!至於緊緻陰道,你有學過骨盆底肌運動嗎?即凱格爾運動,主要目的是強化收縮肛門、陰道周圍、尿道旁的肌肉。此運動有助強化骨盆底肌肉群組,對滲尿及陰道鬆弛有所幫助,也可提升性愛感受,與性高潮亦有一定的關係!原來,其中處於深層位置的恥骨尾骨肌肉,被稱為「性愛肌」,它環繞着陰道外三分之一的部份,在性高潮時它會有節奏地收縮。因此骨盆底肌肉的強弱,直接影響女性在性交時感覺之強弱,同樣亦會影響男方的感覺。」

Angie 聽到津津樂道,想立即展開凱格爾運動似的。急性子的她,無論工作或生活都有着超越常人的節奏,但談到產後復原絕不可操之過急、過度緊張,必須放鬆心情、按部就班,才能漸入佳境,重拾兩人的熱情。就算修陰機對產後婦女是一大恩物,可以修復分娩後擴張鬆弛的陰道,也不能過早進行,否則只會得不償失!不過,若產後行房時,發現陰道持續出血或感覺痛楚,甚至難以進入,一定要及早找醫生檢查清楚,了解原因。

妹 妹 變 壞 了

以直接而敏感的方式，深入了解各式各樣的性傳染疾病及女士的陰部問題，剖析傳統觀念以至現代性愛的多樣性。透過有趣的故事，從性愛中的各種面向探討女性私密處的健康認知，並拆解性事和兩性之間可能出現的複雜性和挑戰性。

蝨 子 在 陰 部 跳 動

在六七十年代，因為衛生環境問題，小朋友的頭髮很容易生蝨；但現在生活水平和衛生意識都大幅改善了，頭蝨已甚少見；不過最近和一位婦產科醫生閒談時，聽了一則有關蝨子的都市奇聞，說的並非頭蝨，而是陰蝨！

隱世醫生隱匿於民間

這位老朋友，以前是同窗，現在是同行，各有自己的專業範疇；她現在已成為了我的客人，每月見面一兩次，每次做療程時也是我們敍舊的好時光。當了婦科醫生的她，經營着一間比較特別的診所，就是將油麻地唐樓內的家，變成前舖後居的婦科診症室，方便她生育後有更多時間照顧孩子和家庭。為了節省交通時間，她索性在家中開業，亦減輕了租金的經濟壓力；最令人嘖嘖稱奇的是她竟然沒有請「姑娘」，所以平日的工作除了要應診外，就連預約、登記、配藥，都自己一腳踢 。有時忙起上來，就這樣踏着拖鞋、穿着家居服、甚至睡衣看症！這樣與別不同的診症情境實在難以想像，我常笑說她是「隱世醫生」！隱世醫生的病人也是形形式式，甚麼階層和職業的人士也有。

這天她還跟我分享了一個一「聽」難忘的個案：曾經有一位年約

三四十歲的女士來求診，表示陰部痕癢難耐，特別在夜間最受不了。隱世醫生先例行問症，了解痕癢的情況如何、痕癢的具體位置、怎樣癢法、哪一個時段特別癢、分泌有否異常等等；之後便進行臨床檢查，當女病人脫去內褲躺在婦科床上，竟發現約 1 至 3 毫米長的黑色小跳豆在彈彈下，而且數量頗多，她心知不妙！

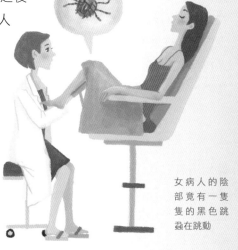

女病人的陰部竟有一隻隻的黑色跳蝨在跳動

病人謊言一秒識破

隱世醫生開燈一照，發現那些小跳豆原來是跳蝨；再用放大鏡細看，清晰可見跳蝨的蟲卵依附在恥毛上；而私密部位的皮膚，還出現了一點點的丘疹和紅疹，和一片片的瘀青和血痂；內褲上竟然有些生鏽般的粉末，顆粒狀的一粒粒。隱世醫生基本上可以百分百肯定這就是陰蝨，是性病的一種。故此，必須要問清楚這位女士的性愛歷史，以減低「乒乓波傳播」的可能性，亦要排除其他性病。這位女病人毫無顧忌地答道：「我有數不清的性伴侶，生意好時一天三四十個顧客，應該頗難追蹤！醫生，現在最緊要是把我治好，不再痕癢就可以了。」相信大家應該猜到這位女病人的職業——性工作者！

この位女病人繼續説：「我每次工作都做足安全措施的，一定要客人戴上避孕套才進行服務，為何會感染陰蝨呢？會否是在公廁得來的呢？」隱世醫生沒好氣地回答道：「陰蝨是寄附於人體的寄生蟲，依靠吸食血液為生，一旦離開了宿主，便無法生存，故此從公廁惹回來的機會甚微。另外，即使有用避孕套，依附於陰毛上的陰蝨在雙方身體摩擦下，亦會由一個宿主轉移到另一個宿住，造成傳染，故此性接觸是最主要的傳播途徑，屬於性傳染疾病。當然，與人共用毛巾、床鋪、衣物也有機會感染到。」

治療容易杜絕難

聽到這裏我立即追問隱世醫生：「那麼你又如何處理呢？」隱世醫生無奈地答：「我建議她可考慮剃淨陰毛及肛周的毛髮，雖然這措施並不影響治療的效果；將家中被污染的衣物、床單、被罩、毛巾等蒸煮或開水澆燙消毒，以殺滅蟲卵及成蟲；亦給她處方了外塗式的殺蟲劑，將馬拉硫磷（0.5% Malathion）塗在患處待 12 小時後清洗乾淨；叮囑她治療期間必須避免性行為，以免感染他人；當然性伴侶也要及時接受診療，但這對她來説並不可行。這病通常不是單一發生，病人很多時會同時被感染其他性病，如皰疹、淋病、梅毒、愛滋病等，我只好轉介她去社會衛生科 * 作進一步的性病篩查，合資格人士在那兒接受治療是費用全免的，而且一切資料完全保密。希望可以從源頭追蹤傳染者，以截斷乒乓波傳播，但相信這個案會有一定的難度！」

讓跳蝨自然死亡

我接着説：「老同學呀，雖然我從事醫美多年，但也是讀醫的，我並不是問你怎樣處理她，而是問『你』自己又如何處理呢？」隱世醫生終於明白我的問題：「她離開診所後，我立即棄掉所有被鋪及用具，以免那些蝨子跳進我的家中！」我笑着説：「你沒有護士幫忙，所有消毒清潔都要自行處理，一定忙上加忙！其實，亦不必掉去所有物品，只要把它們放進黑色的袋子內封口兩星期，就算有陰蝨，當脱離人體後，也會在兩日左右自然死亡。我認為那女子復原後亦可以考慮激光脱恥毛，有研究指出脱毛可以防止陰蝨，以長遠杜絕再度感染。」

老同學聽罷説：「算吧！她並不只是陰部有蝨子，陰蝨已跳到其他毛髮上，就連睫毛、眉毛和腋毛也有，這些部位可以塗上凡士林，讓陰蝨慢慢窒息死亡。其實，她自己亦試過使用非處方的滅蝨洗液，沒收效才來我這兒呢！」這個陰蝨故事讓人聽得嘖嘖稱奇，「耳」界大開。

---

*衛生署診所及健康中心一覽表——提供社會衛生科（女性）服務的診所名單（dh.gov.hk）。

性愛新思維：
性交是禮儀、
無套是尊重？

在忙得正起勁的一天，剛回到醫生房埋頭苦幹時，醫生助手 Connie 忽然探頭進來問：「鄭醫生，有個女病人由美國返回上海，途經香港想預約做修陰機。」我頭也不抬道：「那就按程序跟她約時間做醫生諮詢看看是否合適先啦，有甚麼問題呢？」Connie 臉有難色地道：「不過她有點趕急，想同一日完成醫生諮詢後，即時進行療程呢。」我不禁抬起頭來對着 Connie 說：「你在這診所已經做了醫生助手 DA（Doctor Assistant）四年了，你應該清楚我們一定要了解病人的情況及身體檢查後，才能評估病人需要哪些療程，或者她並不適合療程而需要轉介給其他相關的醫生，加上診所的療程時間表經常排得滿滿，根本未必即時能夠安排得到。」Connie 無奈地答：「鄭醫生，我當然知道，但沒想到這位病人這麼心急。」

這位病人正是才 19 歲的 Sophie，還是一名大學生，在美國修讀電影課程，趁學校假期回上海老家，途經香港就順便做「修陰機」收緊陰道，還約了養和醫院做婦科檢查，行程緊密得很呢！我有

點莫名其妙：「她才 19 歲，為甚麼需要進行修陰療程呢？年輕女大學生會陰道鬆弛嗎？」

「性交禮儀」令人側目

這天 Sophie 來到診所，身形高䠷，是標準的模特兒比例，一身悉心配搭的黑衣型格打扮，拉着一個黑色行李箱走進來，頭戴黑色闊邊帽，鼻子架着墨鏡，可說是「台型」十足，一時間還以為是韓星到臨呢！她不懂廣東話，用英語和普通話夾雜着說：「鄭醫生，我行房時覺得下面很鬆呀，對方『進入』了都沒甚麼感覺，我驚再這樣鬆下去將來只可以『用口』，我不想下半生『用口』過性生活呀。」

19 歲女大學生為何會擔心陰道過早鬆弛？

在私密診所首次會面便這麼直截了當的女生，實在甚少碰到呢！我也爽快地先了解她的性愛歷史：「何時開始感到陰道鬆弛？多

久一次性行為？有否固定性伴侶？安全措施如何？……」聽到這些有關性的問題，大部份女病人都會答得吞吞吐吐或靦覥起來，但 Sophie 卻絲毫沒有顧忌，理所當然地道來：「性愛一般每日一次吧，有時興之所及可能一日數次，性伴侶也不可能只有一位吧，有時會同時有一位以上，我們同輩間都是如此，否則便會被視為異類，沒有了社交禮儀啊；安全措施方面，通常是體外射精、食『聰明豆』或計算安全期之類，不可能要求男伴戴安全套的，那太不尊重他們的自由吧！」

性病免疫力？

我聽得「耳」界大開，原來在她的認知裏，這是「性交禮儀」，就如握手般普通，就像跟朋友食飯般平常！對於傳統社交禮儀中成長的我而言，實在難以理解。她繼續主動地告訴我她的性病歷史：「講開又講，我之前服用過治療衣原體的藥物，是其中一個男朋友給我的，他説陰莖流出一些液體並感到痕癢，小便又灼痛又頻密，見了醫生檢查後説他患上了衣原體。其實我根本沒有病徵，只是性交時感到痛楚，可能是太頻密所致罷了！但他不知從哪裏買來的藥物，定要我服完為止，我便隨他的。」

我完全不知所以：「相信你那個男朋友應該清楚衣原體是性病之一，而且是全球最常見須呈報的性病，是一種透過性行為而感染得來的疾病，所以強行要你服用藥物，以免性病像乒乓波一樣，在你二人之間來來回回互相傳染，難以斷尾！衣原體是由沙眼衣

原體（Chlamydia trachomatis）細菌所致，潛伏期約七至二十一天，高達 80% 女性和 25% 男性感染後無明顯症狀，從而增加其傳播率，故此你沒有病徵，也不足為奇。不過，正確的做法當然需要先檢查清楚，並排除其他可能同時感染的性病，如滴蟲、性病疣（俗稱椰菜花）、生殖器疱疹、淋病（俗稱白濁）、梅毒等。另外，有報告指出衣原體會增加感染愛滋病的風險，可能是由於衣原體炎症令黏膜更敏感、更具滲透性。」

Sophie 聽到愛滋病後，面色一沉：「這幾天我的陰道分泌物像是增加了，間中還感到下腹酸酸的，小便有點疼痛，我應該對衣原體免疫的，會不會是其他性病呢？會否加劇陰道鬆弛嗎？鄭醫生，我想快點做修陰機呀！」

我徐徐地答：「慢着慢着，不要心急！人體對性病是沒有免疫能力的，因此可能再度患上相同或同時超過一種的性病。至於這些性傳染疾病跟陰道鬆弛的關係，需要進一步的探究，但絕對不容輕視。你不如先到養和醫院做婦科檢查，我可以替你寫一封介紹信讓醫生了解你的情況，盡快作出適切的處理。」

修陰機用來應急？

數週後 Sophie 再來找我「更新」她的狀況：「鄭醫生，慶幸你建議我再驗一下，原來我又感染了衣原體呢，暫時沒有發現其他性病，已經服食了抗生素並複診了。治療期間都沒有出去『玩』，只是隔空與上海男朋友談心……那麼我現在可以立即進行修陰療

程了嗎？你知啦，外國陰莖與中國陰莖必然有一定的差距，到時不但被他發現我的鬆弛，我也會感到乏味！」原來她還是堅持原意，非「修陰」不可。

我沒奈何地向她解釋：「我上次跟你檢查後，發覺你的陰道可以放置四根手指，屬於中度鬆弛，應該需要『年陰』治療，才能得到明顯的收緊效果。由於『年陰』的射頻比較強，療程不但要醫生操作，而且發出能量的前後都要伴有冷凍劑，以保護陰道黏膜，使射頻可以深入陰道壁肌肉層，所以療程後五天要避免行房，以免摩擦冷凍後脆弱的黏膜造成損傷，讓陰道能夠好好休息，但療程不會影響你的日常生活。」

誰知她聽到五天不能進行性行為，便嘩鬼叫：「不能行房就是影響了我的日常生活呀！不可以啊鄭醫生，我返上海適逢情人節，到時與上海男友久別重逢，大家一定熱情如火，怎會不親熱呢？Connie 姑娘之前提過你們診所有無復原期（Downtime）的『修陰』療程，可以當晚即時行房的。」這位年輕人對性愛的追求也太熱切了吧，忘卻了關心療程的痛楚或效果維持的時間。我只好如實告訴她：「無 Downtime 的修陰機是有的，但主要針對輕度鬆弛或作保養性護理而已，可能對於你的成效未必太顯著！」她即二話不說，當機立斷道：「就做這個吧，沒有復原期就好了，緊緻些來應急也好，至少我回上海後可以行房啊。」

衣原體不可逆轉的嚴重性

詳細解釋所有治療資料後，最終我還是拿她沒辦法，順她的意思進行沒有無復原期的修陰機。治療期間，我向她談起以往在醫院的日子：「還記得當時『駐守』婦產科，有些人很想生 BB，卻用盡方法也生不出；有些人根本不想要 BB，卻又每次一擊即中，墮胎了幾回，像是變了殺人兇手般！世事總是如此弄人！」Sophie 好奇地問：「點解會生唔出嘅？」我一邊專心為她做治療，一邊答着：「不育的原因很多，其中包括性病，就像你前陣子感染的衣原體，由於未必有明顯的病徵，夫婦可能直到不孕時，看醫生才發現患上此病，細菌有機會由陰道蔓延至下腹，經過子宮再蔓延至輸卵管，破壞輸卵管組織，造成炎症，產生黏連現象，卵巢也會被感染，並引致日後的不育問題，甚至宮外孕。另外，即使成功懷孕，分娩時有機會把病菌經產道傳給嬰兒，使 BB 患上衣原體眼睛結膜炎或肺炎，造成先天性失明或死亡。至於男士感染衣原體，雖然較少出現併發症，但若不加以治理，亦可能引發睪丸炎、精囊炎、輸精管炎等，最後導致不育。」

Sophia 聽到這兒身體有點發抖，眼泛淚光：「我很喜歡 BB 的，一直都想將來生幾個孩子，有自己的家庭，這麼說是否會夢碎了？」我立即安慰她說：「養和醫院的醫生不是說你的病已經康復了嗎？而且在治療期間，你亦沒有任何性接觸，相信你已經得到適時治療。只要日後做足安全措施，選定專一性伴侶，每次都使用安全套，避免再度感染，你的夢還是會圓的！」

Sophia 竟然有點尷尬地回應:「鄭醫生,你好老土呀!不過,你的説話真是當頭棒喝,令我有所覺悟,我回上海後定會靜思己過,重新評估日後的生活態度及兩性關係。你一定要把我的陰部修好,我將來才有希望呀!」就算時代在變,新一代對性愛的看法有自己一套新的思維,甚或所謂的性交禮儀,我會給予應有的尊重,但並不認同!性事上的自我保護應該始終如一,值得大家珍視。面對 Sophia 這新世代的性愛價值觀,我實在不知如何應對是好,但願她可以為所盼望的家庭,作出正確的選擇!

＊香港大學(港大)李嘉誠醫學院家庭醫學及基層醫療學系於 2014 至 2016 年
　期間進行了全港首個性病和性健康調查(TeSSHS)普查研究。

https://www.hku.hk/press/press-releases/detail/c_15982.html

老婆有淋病

這天與一位中醫好友共聚晚飯，Maggie Wong 王醫師來自北京，在香港行醫三十多年了，經驗豐富，施針精準，奉行煲製草藥，專攻產後瘦身及更年期調理。她感慨地説：「人人都話讀醫難，做醫師更難，其實最難就是人事管理，今時今日要聘請一個合心意的助護絕對不易呀！」

就這樣 Maggie 便談起她的一個助護 Fanny：「二十多歲，外貌清純，怕怕醜醜，原來已是一女之母了。由初初甚麼都不懂、不想學，到現在大致已經上了手，雖然間中會有些突發性的假期，但中醫診所上下將就一下，平日的運作還可以過得去。」Maggie 説有一天手機忽然響起：「是一個來歷不明的電話號碼，雖然並非垃圾來電，自然第一時間斷線，竟然有留言，於是即管聽一聽吧，原來是助護 Fanny 的丈夫。還未聽完留言，沒想到他隨即再打第二次電話來，那似乎『有啲嘢』，我擔心是甚麼重要事情，便接聽了！」

我冇出去「滾」！

Maggie 眉頭一皺繼續説：「這電話來得突然又奇怪，我跟 Fanny 的丈夫素未謀面，正納悶他來電的用意，他已按捺不住開聲説：

『王醫師，我知這來電有點唐突，但我真的沒有其他法子，所以才冒昧地找你幫忙。我太太 Fanny 已離家出走多日了，我完全不知她的去向，也聯絡不上她，又不想打擾家人朋友。如果她有上班，希望你可以向她傳一傳話。我患了性病，但我可以發誓我並沒有出去『滾』，相信這病一定是由她傳染得來的。我並非要怪責她，只是擔心她，我知她有些時候會找你傾訴心事，也最聽你的意見，麻煩你叫她一定要去檢查一下。』」

我急切地問：「這看來並非欺詐電話，究竟他患有甚麼性病呢？」王醫師答道：「據他說應該是淋病！其實，性病在我們傳統中醫學統稱為『花柳病』，即是尋花問柳得來的病，但他堅稱並無任何出軌行為，那麼唯一源頭便是太太了。我有點費解，Fanny 總是予人斯斯文文、害害羞羞的印象，連跟病人說話也不敢直視對方，又怎樣得來這病的呢？」我直言：「性病當然就是由性行為傳染得來的病，這方面中西醫見解一致！人本是千變萬化，外觀及行為只能作為參考，並不能代表事實的全部。」

王醫師深表認同：「她先生欲言又止了一會，終於吐出真言：『Fanny 的消費力頗高，單憑中醫診所的收入根本不能支付她的信用卡簽賬數目，加上疫情期間我的生意也一落千丈，並幫不了她甚麼。我知道她暗中有做『兼職女友』以應付日常開支，應該間中會向你請假，跑去兼職副業吧！』」我帶點幽默地說：「像是生活逼人！會否是購物狂（Shopaholic）呢？可能要找心理治療師調整一下。」

「兼職女友」重操故業

王醫師憶述：「Fanny 先生無奈地說：『王醫師你試想想，她經常身穿名牌，手袋又換個不停，不是 Chanel，便是 Hermès，個個都幾萬甚至十幾萬以上，一屋都是她的戰利品，她根本控制不了自己的購物慾。這些花費，錢從何來呢？只好重操故業啦！』」

我聽到「重操故業」，不禁「吓？」了一聲！Maggie 反而冷靜地告訴我：「這位丈夫有點尷尬地說：『老實說，我曾是她的客人，大家因此結識，婚後生了女兒，可能太年輕，她不怎樣懂得如何照顧及與女兒相處，我以為她已經修心養性，怎料發現她間中仍然偷偷地去『幹活』，有時我也懷疑她是否性上癮！為此我們都嘈過無數次，但由於不想整天家嘈屋閉，影響女兒的成長，我只能『隻眼開隻眼閉』，實在沒奈何！』」

我見王醫師終於摸出一點頭緒：「我記得 Fanny 曾跟我訴說過，她的原生家庭支離破碎，父母離異，像『人球』般被踢來踢去，在不同的親戚家中寄住，時常寄人籬下。她自小便缺乏正常的家庭教育和關愛，一早已想自食其力，想買甚麼就買甚麼。不過，沒想到她竟然是出賣身體，去滿足購物慾呢！」

為了滿足無止境的購物慾，她只好重操故業。

世間難見的「包容」男

「Fanny 先生繼續向我訴苦：『最近我們正正又是為這些事情吵起來，她便離家出走，我又剛發現患了淋病，我實在不知怎樣好。心底不想家庭破裂，希望她可以回心轉意，我可以抹去過往的一切，與她重新來過，組織一個美滿的家庭。』」

Maggie 直接地問他：「太太既是購物狂，又是 PTGF，你真的可以原諒她、包容她嗎？這位丈夫毫不猶豫地答：『可以的，只要她答應以後不再重操故業就好了，現在疫情過去，我的生意已有起色，應該可以應付她購物的慾望，但當然不能揮霍無度啦。』」

我睜大眼睛說：「這樣的男人真是世間難見，這份真愛亦非外人所能理解。話說回來，他當初為何會去看社會衛生科呢？」

Maggie 點點頭說：「他還在憂慮太太為了應付開支，可能會繼續『接客』，把這病傳播出去。我也有這樣的擔憂，此問題確實是最急在眉睫的事。他本來不好意思地吞吞吐吐，可能想起我是中醫師，又鼓起勇氣地說：『起初有些白色的液體黏黏地從龜頭流出來，有時會把內褲弄濕，初初還以為自己漏精，後來連小便也感到灼痛，覺得不妥當便去找醫生檢查。經普通科轉介到社會衛生科做了一連串化驗，包括用拭子拭抹尿道及咽喉，亦有驗尿，之後診斷出是淋病，幸而暫時沒有發現其他性病。醫生給我抗生素治療，並要求我的性伴侶亦一同接受治療。」

男人難以啟齒的事

聽罷我説：「正是尿道流出這些奶狀的膿液，所以淋病俗稱白濁。其實，到現在為止都是 Fanny 先生的一面之詞，他的説話孰真孰假，還需跟當事人 Fanny 確認，才能知道故事的全部。」Maggie一臉無奈地説：「是的，加上忽然聽了這麼大量突如其來的信息，我自己也需要些時間消化下。由於先生的思緒聽起來有點混亂，我便順道探聽他的情況：『Fanny 這兩天請了假，我待她明天回來時再跟她了解一下，你放心吧！你自己也要先沉澱冷靜，整理好個人情緒，身邊有沒有朋友可以傾吐呢？』電話另一端的他苦笑地回應：『這些事叫一個男人怎樣對人啟齒呢？我連親人也沒有提及過，反而跟王醫師你傾訴後，讓我舒服了一些。』」

「第二天 Fanny 準時回到中醫診所，任誰也能看出她心情低落、神情恍惚、雙眼無神，我直白地告訴她：『你丈夫昨日致電給我……』我的話還沒説完，Fanny 已經雙眼通紅，淚如泉湧了，她哭着説：『王醫師，我現在不知怎麼辦，我實在沒有面目再見他了，這段關係沒有了，這個家也碎了，返不了轉頭。』」

「見她哭得楚楚可憐，我只好安慰她説：『人生總會面對不同的問題，我們就逐一來解決吧！現在最急切的是要去社會衛生科進行檢查。』Fanny 一邊哽咽，一邊疑惑地問：『王醫師，不過我沒有任何病徵啊，應該無事的。』」

無病徵不等於無性病

我加把嘴說:「沒有病徵就等於沒有病——這是天大的誤解呢!淋病是香港常見的性病,女士方面,多數病徵不明顯或甚至毫無病徵,只有少數女患者有黃綠色帶味分泌物、小便頻密及刺痛、性交疼痛等。但若有一半女患者感染後完全沒有病徵的,因而沒有就醫及呈報,所以根據衛生署的資料顯示,男性淋病患者的人數約為女性的 7 倍,可能由於男士相對女士來說較常出現病徵,造成數據與現實的誤差。此病由淋病雙球菌引致,經性行為傳染,包括陰道性交、肛交或口交,懷孕婦女亦可能於產道將淋病傳染給胎兒,可導致嬰兒失明。」

王醫師搖搖頭道:「原來 Fanny 兼職副業時,並非每個客人都有佩戴安全套的,她可能以為這些是真正的 boyfriends 吧!雖說淋病的病徵未必明顯,但倘若不加醫治,淋病菌可能蔓延到整個生殖系統,引發不同的併發症,男士方面可能造成尿道狹窄,小便困難,或引致前列腺炎、精囊炎、輸精管炎、附睪炎、睪丸炎等;女士方面則可能造成輸卵管炎、盆腔炎,增加將來出現宮外孕甚至不育的機會等。男女雙方亦會因延緩治療,使皮膚、關節及眼睛出現問題。」

無人可以對淋病免疫的

王醫師說 Fanny 聽了一臉擔憂,問道:「哪淋病是不是絕症?有得醫嗎?」我又忍不住插嘴:「淋病只是性傳染疾病,並非絕症,

只要依從醫生處方服用合適的抗生素，便能有效根治。當然性伴侶也需要一併治療，而且在治療期間應避免有任何性接觸，直到證實已經痊癒，才可回復性生活。但身體不會對此病產生免疫力的，即可重複感染，不能掉以輕心。另外，由於部份淋病菌已有抗藥性，所以千萬勿胡亂自行處理，以免耽誤病情。」

經過一輪解説後，Fanny 終於乖乖地聽從勸説到社會衛生科，除診斷出淋病外，還染上了衣原體，幸而得到適時的治療，最後沒甚麼大礙。其實，這兩種性病經常一起出現，不足為奇，除此之外她並沒有感染其他性病，只是愛滋病有空窗期，需要繼續抽血跟進。社會衛生科嘗試為她追蹤感染源頭，但當然徒勞無功，因為 PTGF 這份兼職帶來了源源不絕的性愛對手，令追溯源頭變得困難重重！

婚姻得來不易　幸福需要栽種

王醫師好言相勸她：「這次經歷雖然感染了性病，但亦是一個警號，讓你煞一煞掣停下來，好好想一想將來應該如何走下去。相信你應該感受到這份 PTGF 兼職對你的身體、丈夫和家庭的殺傷力有多大，難得先生對你如此包容，何不再試一試，給大家一個機會，不要把幸福的人生糟蹋啊！」

我也贊同王醫師的勸解並問道：「最後，你怎樣處理這位員工呢？」王醫師徐徐地答：「我沒有因此對她戴上有色眼鏡，反而欣賞她在診所的工作態度，處事也越見進步，現在與病人溝通有

親切的眼神接觸，工作盡責，辦事能力令人滿意，工作上得到病人、同事及上司的認同，讓她更用心和努力。至於家庭方面，她深思熟慮後決定回到先生身邊，努力修補和培養關係，並學習怎樣親力親為照顧女兒，丈夫的生意蒸蒸日上，生活總算穩定下來。鄭醫生，我並無炒她呀，你應該知請一個好的助護有多難，人事管理就更難了！」

每當提到性病，大家都會先入為主地想：定是丈夫拈花惹草染了性病，再傳給太太吧！這故事不但打破了這個固有認知，更意想不到丈夫竟有如大海般的「容量」，願意接受紅杏出牆的太太，實在難能可貴，應該好好珍惜。既然有姻緣成為夫妻，就不應輕易放棄，遇到困難時，要一起去衝破。

老 公 撳 鐘 仔

第一次見 Loretta 她還未結婚,是由她的未來奶奶帶來的客人。Loretta 和老公在中學時期已經開始拍拖,可說是青梅竹馬。未來奶奶看着她長大,已視她如女兒般相待,所以她與未來奶奶的關係頗為親密,早已建立了深厚的感情,奶奶亦早就認定這個新抱了。

青春痘結下的緣份

那次她初來診所,為的是臉上的青春痘,情況頗為嚴重,還留下了凹凸洞和痘印。未來奶奶曾給她買了一大堆護膚品,用來處理暗瘡,可惜拯救不了,痘痘反而變本加厲,於是未來奶奶帶她前來治療。

那時的 Loretta 剪了平蔭冬菇頭,戴着深色粗框眼鏡,皮膚有點粗糙,長了不少暗瘡,臉上沒有甚麼表情,笑容也不多。她不施脂粉,衣著打扮較為樸實,整個人看去並不起眼。

她的暗瘡屬於中度嚴重,主要集中在面上,紅腫、發炎、含膿都有。經過商討各種治療方案,最後決定服用荷爾蒙藥物,一方面可以治療暗瘡,另一方面能夠避孕和調理月經,一舉多得!除了口服藥物外,還配合外用藥膏,及結合果酸換膚,不久暗瘡已經

受到控制。後來，從她未來奶奶口中得知，他倆畢業後順理成章地結婚，之後生了兩個兒子，現在已經五、六歲了。

長不大的「豬隊友」

Loretta和丈夫同年，一起畢業、一起踏足社會，再一起成為父母，像是天造地設的一對。某天她突然出現在我的面前說：「鄭醫生，我發現陰道鬆弛了，分泌少了，親熱時的感覺也下降了，還有些滲尿，我想處理一下。」

談到這些私密問題，除了要了解她的身體狀況外，必須問一問夫妻關係，怎料她皺起眉頭吐起苦水來：「他像是永遠長不大，如一個孩童般，而且是有問題的那種！也不提幫忙照顧兒子了，我還要額外呵護他，像是多了個兒子。他完全沒有盡過爸爸的責任，家中事無大小都幫不上忙，是一個不折不扣的『豬隊友』！」

視老公如「豬隊友」，看來這對夫婦的關係已經走向深谷了！我只好回應道：「一般來說，母親的角色有如成長的催化劑，女性成了人母後會加促成熟起來，可能因此造成兩性的差距，需要時間去適應及調節。話說回來，『性』是基於『愛』，所以才有性愛，如果你倆的關係破裂，當中存在怨懟，那就難以達到完美的性愛了！」

陰道細菌　毋須醫治？

Loretta無奈地說：「鄭醫生，我已經用了五、六年的時間，去調

教這個『豬隊友』，但結果還是一樣。和他一起，我根本看不到前路，一個人打兩份工，又要照顧家庭，跟進小朋友的學習和成長，全都是我一人包辦，我已經筋疲力盡了！前陣子做婦科檢查，還發現有革蘭氏陰性桿菌，但醫生説沒有病徵不用治理。我感到費解，明明陰道有細菌，為何不必治療呢？」

我解説：「我們的陰道內本來就存在着不同的菌種，有好菌有壞菌，亦有中性菌，只要取得平衡，大家便可以和平共處，身體便不會出甚麼問題。但當陰道內的微生態失衡時，可能導致陰道內某些細菌過度生長，造成細菌性陰道炎（BV Bacterial Vaginosis），這在生育年齡婦女中較常見。其實，約 50-75% 婦女的陰道細菌經培養後，會找到這些細菌，如革蘭氏陰性桿菌（Gardnerella Vaginalis），但若沒有症狀，一般毋須接受治療。」

「除非有症狀，如產生灰白色泡狀帶魚腥味的惡臭黏狀分泌物，應用藥以舒緩症狀；或需要在接受婦科手術之前處理，以減低術後感染風險；另外，懷孕婦女若發現患有細菌性陰道炎，即使沒有徵狀，也必須積極治療，預防早產、子宮內膜炎等問題。」

細菌性陰道炎容易患上性病？

她似乎明白了：「『革蘭氏陰性桿菌』這名稱好恐怖呢。不過，我明明好好的，每天都健康地生活，為何陰道的微生態會忽然間失衡，導致細菌性陰道炎呢？是否另一半的問題呢？」

她竟然對另一半起疑心，那我就實話實說吧：「陰道微生態起變化，原因多籮籮！但確實有些女性較容易患上細菌性陰道炎的，例如曾經患過 BV 的婦女，其復發率頗高的；另外，當體內的雌激素下降時，不利乳酸酐菌生長，其他陰道細菌便會有機可乘了；而肥胖、吸煙、配戴子宮環、灌洗陰道、服用抗生素、擁有新的或多個性伴侶等的婦女，也較容易出現細菌性陰道炎。我只能說 BV 會增加患上其他性傳染疾病的風險，大約提升了一倍之多，但 BV 本身並非性病。」

性生活大不如前

Loretta 望望自己纖瘦的身體說：「我應該不算肥呀！其他因素我都沒有，我先生是我由始至終的唯一性伴侶，我並沒有其他性關係！除非他有多個性伴……」Loretta 呼出一口氣繼續說：「其實，我和他的性生活已經大不如前，以前一星期親熱三四次，現在只有一次，而且再沒有高潮了。雖然有一定的前戲，但還是分泌不足，必須使用潤滑劑才能如常地進行，他並沒有說甚麼，只是覺得下面黏黏的。我已看過中醫，像是好了點，但始終未能回復正常。」

我替她檢查過後發現：「你的陰唇問題不大，只是大陰唇有少許皺紋，而小陰唇偏短，但總算可以將陰道開口及尿道開口，保護得好好的。至於陰道方面，的確有些鬆弛，屬於輕度至中度。陰道 pH 值是 4.4，還可以啦。從陰道鏡觀察，你陰道內的濕潤度和分泌物含量，不算太差呀。不過，骨盆底肌的確弱些，力度連 1 度也沒有呢！」

Loretta 心急如焚，想盡快處理所有問題。我安撫她說：「私密治療欲速則不達，需要一定的耐性，要按部就班，亦需要你的配合，才能事半功倍。我們可以先處理好分泌不足，同時逐步收緊陰道，並改善外陰皮膚的皺摺。我想射頻治療應該能夠改善以上的情況，這種修陰機安全性高，沒有傷口，康復期短，基本上治療後當晚已經可以進行性行為了。但要注意並非一次見效，大約需要 3 至 4 次治療，才能漸漸地看到效果。除了修陰機外，你也要堅持每天進行骨盆底肌運動鍛煉，才能內外夾攻，對付尿失禁。」

老婆變身私家偵探　發現老公外遇端倪

經過數次治療後，Loretta 的情況已大有進步，但她依然木無表情，毫無笑容。這天，我不禁直接問她：「Loretta，既然你的治療進展比預期的好，為何還沒精打采呢？是否有甚麼不妥？」

Loretta 語調平平地答：「鄭醫生，你們診所的治療及服務我都滿意。只是我發現原來我那『豬隊友』有召妓的習慣，而且不是一次半次，已經有一段頗長的時間，像是養成了一個習慣。他不只在網上找 PTGF 和 SP，還到一樓一鳳撳鐘仔呢，每次花約800 至 1,200 元不等，視乎鳳姐的質素而定！最糟的是他跟其中一位鳳姐來往甚密，連私下的稱呼也親暱得要命，似乎關係非淺，感情非比尋常。」Loretta 終於打破沉默，紅着眼睛說出了她內心的鬱結。

性上癮的他不只在網上找 PTGF 和 SP，還到一樓一鳳揾鐘仔呢！

我詫異地問她怎麼知道得如此清楚，她強忍着淚水説：「我悄悄地在他的電話安裝了一個跟蹤軟件，可以全面掌握他的行蹤。而且我也試過偷偷地跟蹤他，亦翻看了他的電話紀錄和信用卡月結單，從而得知他的一切。」

老公性上癮
絕不能忽視

Loretta 沒想過她對先生的疑心，啟動這一輪偵探式的搜查，最後竟然換來了心灰意冷的真相！她有點不忿地説：「我過往已經每星期跟他親熱三四次了，難道依然未滿足嗎？為何還要揾鐘仔呢？他是否性上癮啊？得知此事實後，我根本無法接受，最終按捺不住揭穿了他的惡行，我嘈過、哭過、妥協過，但他始終沒有改過。現在與他的性愛變了例行公事，只有性卻沒有愛，根本感受不到快樂。」

我望着 Loretta 不知如何應對，我理解她的心情，只好說：「怪不得你這些日子一直悶悶不樂！至於他是否性上癮，那要考慮他是否明知此種性行為會帶來負面的結果，仍然無法控制自己的慾望而進行，慢慢地產生強迫症狀，像是無性不能活似的。亦分不清愛情與性事，導致關係混亂，影響家庭與生活，增加染上性病的機會。所以你們親熱時，必須做好保護措施，以防萬一。性成癮患者會因此而感到強烈的罪惡感及羞恥心，但卻難以戒除，並會追求進一步的性刺激，他們可能以性愛來逃避現實。如果你對他有所懷疑，可以找心理專家或精神科醫生幫忙，及早得到專業的治療。」

Loretta 收起眼眶的淚水說：「他是在單親家庭成長的，我記起他的爸爸在他年幼時也曾出軌偷食，最後離婚收場，所以他自小由媽媽帶大。我奶奶當時為了養育幾個孩子，疲於奔命，那有時間陪伴左右呢？所以他從少就失去父愛，亦欠缺母愛，不擅於溝通之餘，也不懂得表達自己的情感。不知是否這樣的成長背景，才造成今時今日的障礙，沉溺在性愛中，尋求妓女的慰藉，不願成長。」

幸而丈夫聽從她的勸說，願意正視問題，尋求精神科醫生的協助，證實患上了性成癮。據知他的性荷爾蒙水平正常，醫生處方藥物控制他的情緒，再加上認知行為治療，讓他重新學習壓力管理，面對過去的經歷，改善溝通技巧及兩性關係，及正確舒緩壓力的方法。

積極活下去　終會好起來

Loretta 娓娓道來自己的故事時，並沒有大哭大鬧，情緒出奇地平靜，她感慨地說：「今時今日已經平復下來，沒有太大的感覺了！畢竟是積累已久的事，為了兩個年幼的兒子，我也曾經給他機會改過，但始終本性難移。他和那妓女仍然藕斷絲連，暗中保持聯絡，相信存在親密關係。毫無疑問他不是一個稱職的丈夫，反正亦談不上一個合格的爸爸，他那不顧家的品性，和長不大的個性，我心裏明白無可能一朝一夕改變的。我已經深思熟慮，考慮清楚，不能再長此下去，我決定跟他離婚，只想給自己一個重生的機會。」Loretta 的心意已決，親如母女的奶奶當然有無限的不捨，但也明白她兒子的問題，實在無法挽救這段關係。

而離婚後的 Loretta 開始關注自己的面容，認真地處理好臉上的凹凸洞，決定改善又乾又粗糙的皮膚。我們為她計劃激光治療、水光槍保濕及換膚療程，並調整她的日常皮膚護理程序，建議選用合適的醫學護膚產品。她的衣著打扮也有所改變，走向文青路線；進行了激光矯視，不必再戴眼鏡；髮型亦來個突破，改成碎蔭長髮，和之前判若兩人。她面上終於露出了微笑，多了點神采，只是眼神中總帶着一個過去的故事，反而更吸引。

Loretta 讓我看到了一個具智慧和分析力的女性，如何自強不息的例子，不會向現實低頭，為情所困。當她竭盡所能仍無法看到未來時，只好當機立斷，作出明智而堅強的決定，努力地尋求出路，爭取過自己的生活，堅持走應走的路。

女兒陰痛　爸爸心痛

這晚中學基金會聚會，我們如常到華商會召開會議後晚飯。師兄琛哥悄悄地走過來，輕聲細語地説：「Vivian，方便傾兩句嗎？」我點頭示意後跟他走到走廊的一邊。

話説琛哥從事飲食業多年，自設公司承包學校飯盒，業務有聲有色。可惜，早幾年婚姻出現危機，最終離婚收場，前妻跟新歡移民法國，自此銷聲匿跡，再沒有聯繫。遺下一個女兒 Rainie，當時正步入青春期，兩父女相依為命，眨眼間已經 19 歲了，就讀中華廚藝學院，應該是有意投身飲食業，承繼爸爸的衣缽吧！

琛哥心事重重的樣子，欲言又止，最後慢慢道來：「事情是這樣的，我的女兒長大了，開始帶男友回家過夜。前幾天我剛巧提早回家，他倆並不知情，在房內大戰。Vivian，我絕對無意冒犯，但實在找不到合適的人傾訴，得知你從事私密治療，應該是一個適當的人選訴説此事。」

我有點摸不清頭腦：「年青人有性事，有何出奇呢？師兄為甚麼這樣惆悵呢？」

性愛只有痛楚、折磨……

琛哥的臉微微泛紅，不好意思地將事情説出來：「那天，我在房外聽到 Rainie 叫得淒厲，我越聽越心痛，心如刀割！晚飯後，與她閒談時才得知原來她根本不享受性愛，只有痛楚、折磨……自從她媽媽離去後，她變得越來越任性。上了高中後更愛上『蒲吧』，聯群結隊，過着日夜顛倒的生活。時常喝到爛醉，要由朋友把她抬回家，我也試過多次親自出動『執屍』！」

「不過，我又不敢多加管束，怕她越罵越走。始終我深感對她有所虧欠，因為我倆的離異令她在發育時期得不到應有的母愛，所以我一直耿耿於懷，對她抱持開放式的相處態度，如朋友般的無所不談，只求我這個父兼母職的單親爸爸會稱職吧！可是，當知道她在性事方面這般難受，我身為一個大男人，確實有點束手無策。」

我靜靜聽他訴説着，並投以欽佩的眼神：「琛哥，明白的，不如你帶她來我的診所看看吧！」

幾日後，琛哥陪同 Rainie 來到私密診所。Rainie 身形瘦削，目測 BMI 應該低於理想水平。她長髮披肩，皮膚黝黑，身穿露臍背心，超短熱褲，加上一雙長腿，青春無敵！她的雙臂佈滿了紋身，似乎記錄了不少往事；身上隱隱散發出香煙的味道，應該是剛剛在樓下抽完煙吧！

我和琛哥寒暄了幾句，他便先行離開，把女兒交託給我，亦給她保留一點私隱。

性交當社交？

Rainie 填了個人資料及登記後，便步入醫生房進行諮詢。問了一些基本健康問題後，得知她的身體一切無恙，我便開門見山地問：「是否性愛方面不太愉快？過程如何呢？哪部份令你困擾？」她也若無其事地答：「說實話，我從未感受過性交的樂趣，對我來說它只是社交禮儀之一，毫無快感可言！至於過程怎樣，我實在不太清楚，因為每次不是喝醉了，就是 high 咗『嘢』。反正印象中『話嚟就嚟』，哪有前戲呢！通常沒甚麼分泌，乾枯枯的，若不是每個月還有月經，我還以為自己已經停經！醒來時，最記得的只有痛楚了。」

聽到她如此不尋常的性愛態度和體驗，我按捺不住說：「你廿歲還未到，已經沒有陰部分泌，必須要積極正視之。在酒精或毒品的影響下行房，迷迷糊糊，絕非樂事，加上毫無前戲，哪會有正常的分泌呢？」

Rainie 不顧忌地直言：「我只有『食草』習慣，而大麻在不少國家已經合法化，算不上甚麼毒品呀！不過我男友就不止吸食大麻了，還有冰毒、『可樂』、白粉等等。其實，我也曾使用潤滑劑，但情況毫無改善，痛感依然！」

我暫且不跟她議論「大麻是否合法化」這個具爭議性的話題，促她上床檢查清楚再討論吧！

「幾經波折」的陰部檢查

Rainie 脫下內褲躺在婦科床上，我輕輕的敞開她的陰唇，準備放進鴨咀鉗檢查時，她已有所不適，微微感到痛楚，顯然是過度敏感的跡象。觀察所得，她的陰道開口處有明顯的裂紋，我只好用大量的潤滑劑，及最細號的鴨咀鉗，才能「幾經波折」地放進她的陰道。陰道內一切正常，沒甚麼異樣，但當我取出鴨咀鉗，準備用兩根手指檢查時，已感覺到陰道強烈的收縮，並帶來一股的阻力！

檢查過後，我如實地向 Rainie 簡述初步判斷：「你的陰唇似乎較一般人敏感，而且陰道口有些撕裂，應該是性愛時產生的創傷。按理你的陰道開口不算過窄，陰道的前三分一段約兩隻手指寬多些，對於未產婦女屬於正常範圍內。另外，你可能患有陰道痙攣，加上以上一連串的問題令你行房不適。就此看來，你的陰道痙攣的嚴重度只是第一級，即陰道肌肉緊縮不太嚴重，可能在特殊情況下才發生，性交時伴侶依然可以進入，只是會卡着卡着的感覺。」

「若然去到第二級，骨盆底和陰道外的會陰肌群收縮，令陰道口變緊，就難以進行陰道性交了，通常只可放進一至兩根指。第三級時，連手指都無法進入陰道。而第四級的陰道痙攣，女方會將整個身軀用力向後退避，甚至出現大叫、推人、發抖等驚恐反應。至於第五級，患者可能會有冒汗、心跳、噁心、呼吸急促、失去知覺的激烈反應。」

食住毒品去性愛

Rainie 神情有點呆滯，眼神露出茫然的神色說：「我還以為是我男友那兒巨大所致，他的性能力比較強，相比以往的男伴，確實既粗大又堅挺，耐力也超乎想像！我一直以為是他那兒過於澎湃，以致我的妹妹容不下；亦可能是每次都在毒品的影響下，所以他強悍過人，橫衝直撞導致我出現陰痛。他『精力』旺盛，除了 one night stand 外，還有不少『炮友』，我曾介紹過性經驗豐富的女伴給他，以減輕我的負荷，怎料大戰後女伴大讚他的性交表現。其實，我亦深知毒品的禍害，所以我只會碰大麻，絕不會吸食毒品。我曾屢勸他戒掉毒癮，重新起步，可是多次因此而吵鬧收場，關係也日漸惡化。」

這個年頭年輕人的性交文化，實在難以理解，這種性交當社交的「即食」心態和行為，究竟普遍嗎？抑或只是一小撮人的個別例子呢？

Rainie 嘆了一口氣：「老實說，我每次性行為都是在半夢半醒下進行，沒甚麼意識，所以外陰的感覺也沒甚麼印象，平時亦不覺陰唇有任何疼痛、灼熱或刺激。可能由於我從未做過婦科檢查，所以在清醒有意識的狀態下被你觸碰私處，才會有這樣的反應吧！」

陰道也會抽筋？

她突然盡吐心中情，我一時之間不知如何應對：「若然你的外生殖器附近沒有甚麼不適，應該不是外陰疼痛（Vulvodynia），只

是第一次進行陰部檢查緊張而已。而陰道痙攣（Vaginismus）是盆底肌抽搐的一種，主要是由於陰道外三分一段的肌肉不自主地痙攣性收縮，情況如小腿抽筋一樣。當陰莖插入時，引致陰道強烈收縮和疼痛的現象，影響性生活，可能造成兩性關係一定的壓力和距離，因而漸漸疏離。甚至連月事，使用衛生棉條時也會感到痛楚和不適；當婦檢時，使用鴨咀鉗或手指，亦會變得緊張、焦慮和恐懼，陰道會胡亂收縮，無法自我控制。有時候即管只是想像，亦會有同樣痛苦的反應。」

Rainie 恍然大悟的説：「怪不得他總説我緊緻得很，與別不同，妹妹有一定的阻力，需要使用更大的力度才能插入，充滿挑戰性。所以就算他性伴侶成群，我始終是他的首選！不過，我為何會有陰道痙攣呢？我從不愛觸碰我的私處，感覺污穢得很，所以更不會放入衛生棉條，相信會難受無比。」

童年陰影造成陰道痙攣

我徐徐地解釋：「陰道痙攣大部份是源自心理因素，例如對性的錯誤態度和觀念、成長過程的創傷陰影和性虐經歷、性知識不足和誤解、兩性情感破裂、產後防衛反應等等。除了心理之因素外，還有生理原因，如手術、陰道炎、前庭炎、子宮頸炎、盆腔炎或子宮內膜異位等。」

Rainie 聽到這裏，雙目通紅流下了眼淚，哽咽説：「媽媽在我青春期前跟『鬼佬』離開了，我記得兒時曾多次目睹她與那隻法國

鬼『鬼混』，那些片段深深地印在我的腦海中。由於當時我少不更事，不知如何處理，又不敢告知爸爸。若然我不是默不作聲，故事可能改寫了，他們可能不會分開，一家人齊齊整整，我的少女心事就會有媽媽可以傾訴！」

我遞上紙巾給她抹眼淚：「世事難料，因緣聚散，你不必怪責自己。過去的讓它過去吧，是時候把它放下了。我們應該把握現在，活好每一天，作出明智的選擇，走出美好的人生路！」

陰痛原因多籮籮

Rainie 收起了眼淚，似是有所領會地問：「鄭醫生，如我這樣性交疼痛常見嗎？可以醫治嗎？」

我想一想回答：「我們診所碰到的個案，主要為更年期後，卵巢功能喪失，體內的生殖荷爾蒙雌激素和黃體酮大幅下降，引致外陰陰道萎縮，所以性行為時容易造成撕裂、潰瘍、刺痛、出血。據統計，受到陰道性交痛楚影響的女士約佔 30%，陰道痙攣和外陰疼痛只是其中的兩個原因；也可以由於陰道口過窄，陰莖插入時導致撕裂疼痛；另外，產後、餵哺母乳、體重過輕，荷爾蒙失調，亦會引致不同程度的痛楚；恐懼害怕性交、缺乏前戲、性虐待或創傷、化療、電療、藥物等，均會減少陰部分泌，造成不適；還有形形式式的原因，例如陰部神經痛、陰蒂黏連、疤痕組織、婦科疾病、性病、皮膚病……」

Rainie 眼凸凸的説:「嘩!沒想過陰痛原因竟然多籮籮!」

陰道自救訓練

我氣定神閒地道:「所以患者需要找醫生查清原因,才能對症下藥。你的陰道痙攣在治療方面,除了醫生外,心理專家、性治療師和物理治療師也可以提供針對性的幫助。這裏可以用修陰機的探頭,協助你舒緩陰部的緊張狀態,有助放鬆,減低對外物進入陰道的敏感度;治療後,你可以摸摸外陰,適應了後,再嘗試觸摸內陰,感受它的質感和溫度,要勇敢地面對它;你自己亦可以進行骨盆肌的『收緊—放鬆』訓練,先用力繃緊骨盆肌肉,收縮五秒鐘後,再慢慢放鬆,反覆練習,漸漸地會有所進步。」

「當然,伴侶也可以伸出援手,用潔淨的手指放入陰道,輔助你進行放鬆訓練,先從一根手指開始,在陰道中左右晃動、上下移動,展開陰道。當習慣後,可以循序漸進放進兩根手指,嘗試擴張撐開陰道。練習時,可以使用潤滑液以減少摩擦,避免刮損陰道,讓手指更容易進入。若能順利放入二根手指,狀況已經相當理想了,因為差不多相等於亞洲男性陰莖的大小。」

Rainie 面有難色地説:「要他伸出援手,簡直是天方夜譚!他連自己也顧不了,整天沉迷毒海,浪費青春,根本看不到將來!」

原來她有點慧根,我心中欣喜地道:「既然你已經看穿看透,明知他不會與你同甘共苦,互相扶持,而且性伴侶這麼多,亦會增

加你的性病感染風險，為何還要繼續沉淪下去？不作出明智的抉擇呢？」

Rainie 默不作聲，沉思着⋯⋯

修陰機有幫助嗎？

最後，Rainie 選擇了修陰機療程，我使用最幼小的探頭，讓她慢慢適應。這款修陰機利用射頻技術，增加陰部溫度，從而擴張血管，增加血流量，提升陰部分泌及增厚陰道黏膜；並透過修陰探頭進行陰部物理治療，從而舒緩陰道肌肉及減低陰道的過度敏感。Rainie 起初比較緊張，診所姑娘為她播放一些柔和的音樂，以舒緩氣氛，並遞上一隻軟綿綿的熊啤啤，讓她抱在懷裏，以增加安全感，她笑說熊啤啤是我們私密診所的秘密武器！

治療期間，我嘗試替她進行心理治療，拆解她的童年陰影，調整她的性愛觀念及態度，並傳授正確的性知識，希望有所改善。同時，教導她深呼吸運動和全身肌肉鬆弛練習，讓她容易平靜下來，消除緊張的感覺，打破恐懼思維的惡性循環。我亦趁機勸導她戒掉吸煙和吸食大麻的習慣，培養健康嗜好，生活才能重踏正軌，為身體和陰部帶來良好的影響，好好地照顧及愛錫自己的身心。

放下執着　改寫人生

經過一輪治療後，Rainie 的進度良好，情況大有改進，陰部的敏

感程度降低了，人亦平和了不少，一身煙味不再，身型長了些肉，沒有從前的骨瘦如柴。她冷靜地說：「我們已經分開了，我也戒了香煙和大麻。這段日子我深切地反思過，我現在才 19 歲，我決定重新出發，給自己一個新的環境，一個重生的機會。我準備去巴黎學習烘焙技巧和製作甜品，追尋我的人生目標和理想，我打算將來除了接手爸爸的飲食業務外，還想開設屬於自己的麵包店！」

我舉腳贊成並鼓勵她說：「法國糕點聞名於世，還記得在法國旅行時，每個麵包都令我印象難忘。如果你將來開設麵包店，我一定會是你的常客呢！」Rainie 笑了笑，眼裏閃着光芒。琛哥得知女兒的轉變，對前景有所追求，事事為爸爸設想，當然深感欣慰，大力支持她的人生路！

Rainie 決定重新出發，給自己一個重新的機會 。

為女人解密

揭開女性身體的神秘面紗，面對自我和接受身體的正常變化，以不同的故事主角帶出女性的心路歷程，如何看待陰部或胸部的差異。揭示傳統觀念中的迷思和都市傳說，展開一段對女性身體的探索之旅。

分 泌 過 多 嚇 走 「 筍 盤 」 ？

Rachel 已屆 40 中了，一直都是定期找姑娘進行一些簡單的面部醫美護理項目，時間久了與姑娘的關係也熟落了。診所姑娘形容她像電影《反轉腦朋友》中的阿愁，因為她總是有數不盡的擔憂，說不清的煩惱，少少事都會感到不安及焦慮，不知這是否她單身多年的原因之一！她曾表示：「我已達中女之年，也開始發愁了，實在不願孤獨終老，想找個終身伴侶，之前還學人玩交友軟件結識朋友，試下散發單身氣場，希望可以吸引到單身男，結果還是無疾而終。」

這天她剛踏進診所，便嚷着要到洗手間；在進行諮詢途中，她又坐立不安的要去洗手間；從洗手間匆匆出來後，她一臉愁容，我關心地問：「Rachel，你還好嗎？」她皺起眉頭臉有難色地說：「不好意思鄭醫生，我剛才感到下面的分泌不斷流出，擔心會滲透出來，所以要去洗手間換護墊呢。今天也是為此而來找你的，我一向分泌不少，但最近幾星期似乎特別多，如果沒有護墊幾乎不能過活，絕對會把褲子弄濕，有時甚至要用到衛生巾才能安心。私密位置長時間又濕又黏，很不好受，弄至外陰也有些痕癢，為何女人會有分泌？每月一痛還不夠嗎？」

感受不到分泌的好處

看見她這般苦惱，我就稍為解釋一下：「原來如此！其實女性的陰部分泌也有它的作用，那些分泌物又稱白帶，主要是來自陰道黏膜的滲出物、子宮頸腺體及子宮內膜的分泌物混合而成，內含陰道上皮脫落的細胞、白血球、乳酸桿菌的代謝物等。除了可以保持陰道濕潤外，還能作為一道屏障防止細菌的侵入，在性行為時作潤滑之用，對女性的生殖器具有一定的保護作用。」

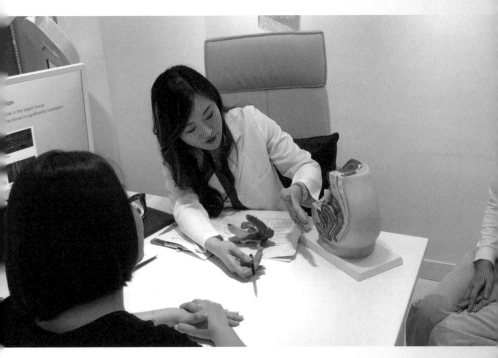

白帶可以保持陰道濕潤、防止細菌入侵、在性行為時作潤滑之用，對女性生殖器具有一定的保護作用。

Rachel 向我投以懷疑的眼神:「鄭醫生,你講到分泌這麼好,我完全感受不到囉!」我繼續說:「坊間有句話『十男九痔,十女九帶』,正正道出女性常有白帶,所以不足為奇。當然白帶亦有生理性及病態性之分,正常的白帶呈透明或乳白色的黏稠液,帶有微黏的蛋清拉絲狀,不會有濃烈的特殊味道,可能只有淡淡的微酸,那是由乳酸桿菌產生的乳酸而成,屬於正常味道。因應每個人身體狀況的不同,白帶的狀態及分泌量可能會有些差異,每天的平均分泌量約為 3 毫升。另外,生理性白帶也會隨着月經週期而有所變化,例如在排卵期時像蛋清一樣,讓精子容易游進子宮內與卵子結合;而黃體期間月經來潮前三四天,白帶一般比較濃稠。至於服用荷爾蒙藥物、受到性刺激時或懷孕期間,陰道分泌亦會發生變化。」

交友軟件「筍盤」大發現

Rachel 像是被一言驚醒似的:「怪不得我每個月的分泌也有所不同!可是這白帶卻影響了我的愛情運呢!我之前在交友軟件遇見一個『筍盤』,初初認識時只是簡單交談,覺得話算投機,大家有興趣再進一步,便交換了社交媒體賬號,了解一下各自的背景。我見他個人專頁的照片多是教會活動和運動健身,不乏展示腹肌及身材的影片,又有照顧家中的寵物,更煮得一手好菜,簡直是內外兼備的暖男!此外,他也有不少出門旅行相,周遊列國都是乘坐商務客位,紅酒美食,駕駛名車,又有生活品味又懂得享受。他自認是虔誠的基督教徒,間中也會做義工,經濟狀況穩定。試問這樣一個『筍盤』,我又怎能錯過呢!」

交友軟件締造幸福良緣？

我微笑回應道：「原來是網上情緣，之後發展如何呢？」

Rachel 繼續訴說她的愛情故事：「後來他邀約我出來見面，我當然求之不得啦！真人與照片差不多，只是蒼老些，再多點男人味，我沒有被『照騙』呀！他細心地安排到五星級酒店共聚晚餐，好不浪漫，此情此景理所當然地還有下文，飯後我們直接上到酒店房發生關係。我原本並不是這麼隨便的人，但現在年紀也不輕了，他又這麼吸引，應是時候放開懷抱，不再束縛自己，不必拖拖拉拉。心想既然兩情相悅，又情不自禁，那不如速戰速決，以免虛度光陰。」

飢渴性女　水浸陰莖

她説得陶醉：「由於單身多年，已好一段時間沒有行房了，這次也是我第一次跟一個初次見面的男人進行『床上運動』，感覺既刺激又緊張。大家先情深款款地雙目對望，接着開始激烈地濕吻，他的雙手不由自主地撫摸我身體的每一處，我下體的分泌越來越多，還流到了大髀上……他見我這樣濕潤，悄悄地在我的耳邊不禁笑説：『沒想到你這麼飢餓呢，你下面像個多水多汁的蜜桃呀，今晚我要把它吃掉！』他一定以為我是飢渴的性女，超級尷尬，但又無奈！性愛時，由於我的分泌有如潮水，他的陰莖在我陰道內跳來跳去，他直言好像游水般，又似在進行泥漿摔角。那夜之後他一直沒有再找我，我亦試過主動聯絡他，但總是已讀不回，像失蹤了一樣，我的幸福也跟着消失了。」Rachel 又變回阿愁了，一陣愁氣撲面而來。

沒想到她把性愛情節描述得如此仔細，我只好安撫她説：「行房時分泌增加，本是正常的生理現象，用以潤滑陰道，減少摩擦造成的損傷。當有性刺激時，陰道分泌一般會比平時增多，變得濕潤，主要來自血管的漏出液（Fluid Transudation）、子宮頸腺體及陰道前庭底部的巴氏腺體（Bartholin Glands）的分泌，只要白帶的狀態跟日常一樣，沒有特殊的質地、顏色、異味，陰部也沒有搔癢或刺痛感，那都屬於正常的。」

Rachel 像是如夢初醒般説：「講到分泌物的狀態，我突然記起幾年前試過有些白色豆腐渣般的陰道分泌物，而且陰部痕癢紅腫，

小便時還會赤赤痛，看了醫生，説是霉菌性陰道炎，我按指示使用陰道塞劑，一星期左右已經復原了，之後間中也有發作，我便自行配藥醫治。不過，今次的情況有點不同，除了白帶增多和陰部發癢外，還呈泡沫狀，顏色變成黃綠色，並散發出濃烈的臭味，排尿時亦有灼熱感。鄭醫生，你快點給我進行修陰機，處理一下我的分泌問題吧！」

白帶的啟示

我嚴肅地回應：「有病應該要找醫生檢查清楚，不可胡亂自行配藥，有時可能耽誤病情，造成併發症。你的情況像是病態性白帶，暫時不能進行修陰療程呀。病態性白帶通常有四大特徵：

1. 質量：芝士狀、白色豆渣樣、水泡狀、帶血絲等
2. 陰部紅腫痕癢；小便困難赤痛
3. 味道：魚腥味強烈、明顯的惡臭
4. 顏色：黃綠色、化膿、鮮血、咖啡色

例如你之前提到的霉菌性陰道炎，亦稱念珠菌陰道炎，是常見的陰道炎，分泌物不一定有異味，而且量不多，但質量跟豆腐渣或芝士相似；當白帶質地較稀，顏色有點灰色，並散發出強烈的魚腥味，那可能患有細菌性陰道炎；若分泌物長期偏多，兼呈白色濃稠狀，性行為後更明顯，小便灼熱，可能染上淋病了；至於盆腔炎的症徵，除了黃色或草綠色陰道的臭膿分泌物外，還會伴隨下腹痛、高燒、脈搏急速或嘔吐；較嚴重的情況是白帶呈血水狀

兼帶有惡臭，特別是在性行為後出血，或月經週期中不規則地出血，可能是子宮頸癌或子宮內膜癌，必須盡快找醫生檢查一下。」

滴蟲陰道炎：一次性接觸足以中招

Rachel 越聽越擔心的樣子，我抬頭望着她繼續說：「單憑你的描述，可能是患上了滴蟲陰道炎（Trichomoniasis），由陰道毛滴蟲（Trichomonas vaginalis）引發的炎症，這種單細胞原蟲通常寄生於泌尿生殖道，是性病的一種，透過性接觸傳染得來的，你那次行房有否做足安全措施呢？我要先替你取些陰道分泌物去化驗，同時需要檢驗有否感染其他性病，今天我會處方一個療程的口服抗生素給你，完成後再複診吧。另外，治療期間切勿發生性行為，當然伴侶也要一併治療，但你的情況相信會有點困難吧！」

Rachel 嚇到面青口唇白：「怎會這樣的？只是一次性接觸就足以感染?! 初時他也有戴避孕套的，但由於我實在太濕了，他的陰莖滑來滑去，難以控制，所以他便乾脆將避孕套脫去進行性交。我看他性器官表面毫無異樣，正常不過，便由得他來，沒想過就這樣感染了性病！」

她開始眼泛淚光，但我亦要向她解說：「此病雖然稱為滴蟲性陰道炎，但不僅限於女士的陰道，男士亦會被感染，而且男性患有滴蟲炎大部份並無病徵，只有少數會感到小便刺痛，故此你不能從他的性器官觀察到些甚麼，正如壞人也不會在額頭鑿着『壞人』兩隻字一樣道理。其實，即使沒有症狀，陰道毛滴蟲依然可以傳

染疾病，另外滴蟲炎會增加罹患愛滋病的風險，所以我需要幫你安排愛滋病病毒抗體測試，你也可以選擇到衛生署轄下的社會衛生科診所進行性病檢查。」

Rachel 強忍着淚水說：「鄭醫生，就在你這兒處理吧！」

原來是「渣男」

這天 Rachel 回來複診，除了驗出有陰道毛滴蟲，確診她患上滴蟲性陰道炎外，慶幸其他化驗都正常，當然愛滋病有空窗期，之後要再和她跟進。她得知結果後，面上露出一絲笑容：「那就好了，我服用了一個療程的抗生素，陰部已不再痕癢，分泌也跟從前一樣，只有少許酸味，顏色變回透明狀，小便亦沒有赤熱了。現在既然已經康復了，我想進行修陰機療程，讓分泌正常化些。」

我徐徐地回應道：「修陰機事宜隨後再安排時間吧！你最後有否跟那位男士聯絡上，請他也去治療呢？」她即時道出重點來：「唉，不要再提了，那個根本不是甚麼『筍盤』，而是『渣男』才對！我後來上網找到了更多有關這位『渣男』的資料，才發現他竟然有另一個社交媒體賬號，同一個人但不同名字，原來他已經結婚，有子有女，卻背着太太出來鬼混！」

她一口氣地說：「有次我跟一位閨密分享此事，她竟然一提就猜中了！原來這位『渣男』不止在網上獵艷，還經常在健身室狩獵，我這個閨密也曾在健身時被他搭訕，只是她已名花有主，

又目睹『渣男』的女伴如走馬燈般不斷轉，對他看穿看透，所以一屑不顧！」

原來白帶過多並沒有破壞 Rachel 的好姻緣，還守護了她呢，帶她走出愛情的圈套，以免泥足深陷！事實上，凡事又怎能只看表面？線上如是，線下也是，尤其現今的社交媒體，豈能盡信當中的內容呢！網上騙案比比皆是，故此結交男女朋友時，別單憑對方的社交媒體專頁，就自以為已經看清看楚，其實真偽難分！人與人的認識始終要經過多層次的溝通和接觸，才能深切的了解，認清大家的方向。無論是為了一夜情或尋找終身伴侶，交友時要懂得保護自己，性交時更應做足安全措施，以免抱憾終生！

妹妹變黑面

Jennifer 是一位認識多年的客人，她為人
率直爽朗，言笑甚歡，兩顴飽滿，留有一
個齊蔭長髮，蜜糖膚色，加上身型略顯
圓潤，總給人陽光燦爛的感覺。她在美
國讀書時遇上了現任丈夫，可能都是在
美留學的香港人吧，感覺份外親
切，大家一拍即合，回港後迅
即結婚，至今已經十多年了。
Jennifer 雖然還未到 40 歲，
已有四名子女，兩男兩女一對
「好」字，夫婦二人感情依然恩愛如
昔。婚後 Jennifer 一直當家庭主婦，
相夫教子，從沒有出外工作過，即
使體型變化不定，但她並沒有放棄身
形管理，除了定期到我們這裏做修
身儀器外，她還熱愛爆汗的
Spinning（室內團體單車訓
練課程）去消脂減肥，但飲食
方面就總是常失手……

Jennifer 會定期做修身儀器，也熱
愛爆汗的 Spinning。

修身儀器不能減肥　只能局部改善線條

這天她一如既往身穿貼身原子褲到來診所進行療程，剛完成隔空溶脂（Vanquish ME）及增肌減脂（Emsculpt）治療，便行色匆匆地離開，剛好在門口給我遇見，寒暄幾句後才得知她正趕去做運動。

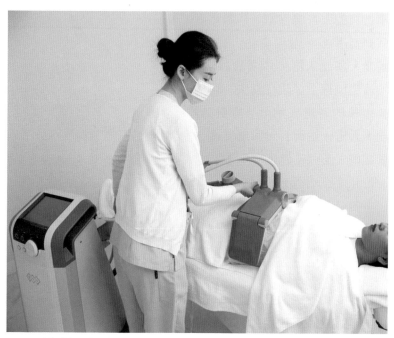

Jennifer 定期進行修身儀器以改善身形

Jennifer 無奈道：「近月家中連續開派對，又多聚會，我忍不了口，又好美酒，結果脹了好幾磅，我絕不能坐以待斃，要加緊運動操練。」我對她直言：「你屬於易肥體質，修身儀器只能局部定點

針對脂肪、肌肉或皮膚層，只能修飾一下體型，對減肥是毫無作用的。至於運動，當然有助新陳代謝、心肺功能，但若要減肥大概幫到 30% 左右。另外的 70% 就是飲食了，你應該要有持之以恆的健康餐單，不能暴飲暴食，可以先諮詢營養師的意見，了解基本飲食法則，計算每天所需的熱量，才能達致減肥之效。」

我提醒她：「其實，你剛做完修身療程，當中 Emsculpt 運用高能聚焦電磁能 HIFEM（High Intensity Focused Electromagnetic Field）使核心肌肉群（Core Muscles）進行了一連串的極限收縮運動（Supramaximal Contraction），半小時肌肉收縮了二萬次之多；而 Vanquish ME 使大範圍（68 厘米 x19 厘米）的皮下脂肪溫度升至 46°C，使腹部的脂肪細胞自然凋零（Apoptosis）。應該要好好休息，不要立即作劇烈運動，以免身體過度操勞，得不償失。」她聽罷不情願地取消了激爆的單車堂和私人體適能教練鍛煉。

妹妹也老了　皺紋多過臉

轉個頭 Jennifer 略有困擾地問：「既然不必趕住做運動，我有些私密問題，想請教鄭醫生。」

剛巧我也有些時間，便帶她到私密治療室了解詳情，Jennifer 吸一口氣說：「我發現妹妹的顏色像是越來越黑，陰唇亦多了不少皺紋，連陰部也下陷了。我承認我的身段間中有所失守，但自覺外貌還能保持年青，不過妹妹卻比真實年齡老了好幾歲，有何良方呢？」

聽了 Jennifer 的煩惱，我便為她檢查私密處：大陰唇較深較黑，小陰唇邊沿也偏烏黑，而且大陰唇有些凹陷，並充滿皺摺；陰道方面屬於輕微鬆弛，對於生過四胎的 Jennifer 來説算是不錯了，可能因為四次都是剖腹生產的緣故，不致加重陰道的傷害。我將情況如實告知，她摸不着頭腦地問：「我還未到 40 歲，雖然婚前有幾個性伴，但屬於人之常情，稱不上濫交吧，為何我的陰唇會老化得這麼快呢？」

我安慰 Jennifer 説：「年齡只是其中一個原因，陰唇的結締組織及皮下脂肪會隨歲月流失，因而變得鬆弛，彈性減少，大陰唇失去豐盈，陰部皮膚產生皺摺；另外，過度減肥，像你這樣時肥時瘦，脂肪也時多時少，容易加快陰唇皮膚的老化，出現皺紋；至於分娩生產和餵哺母乳也是原因之一，畢竟你已生了四名子女，而且全都堅持母乳餵哺半年，亦會引致一連串陰唇的變化；當然基因遺傳、疾病、月經週期、性行為及更年期等也對外陰有所影響，但並不一定代表性經驗豐富，你不必介懷。」

Jennifer 無奈地説：「那怪不得我有這個問題！過往我並沒有特別留意，只是激光脱毛後發現情況嚴重了。由於我熱愛水上活動，又喜歡曬太陽，一早已有脱比堅尼線（Bikini Line）毛髮的習慣，以前由普通的剃毛開始，之後改用蜜蠟脱毛連根拔起，最終還是選了激光脱毛，把整個陰部的毛髮都脱掉，一了百了！就算泳衣剪裁性感、動作較大，也不會有走光『露毛』的尷尬事件發生。而且陰道分泌物、汗液容易蒸發，特別是月事期間，可減少濕濕

黏黏的感覺。怎料恥毛不見了，反而將陰部的醜態顯露無遺！現在陰唇的皺摺不但減低了性敏感度，也積聚部份分泌物，亦容易讓尿液殘留，清潔起來也不易，經常會產生異味。」

我回應道：「沒有陰毛的遮掩，陰部的狀況當然會更礙眼了，這也是不少脫去恥毛的病人到來求診的原因。雖然私密處脫毛已經不是甚麼新鮮事，但恥毛有潤濕下體及引起視覺性興奮的作用，以及減輕摩擦所產生的疼痛及不適等。既然已經進行了激光脫毛療程，陰毛不會再重生了，唯有想想陰唇的治療方案吧！簡單直接的方法，可以考慮皮下填充大陰唇，例如透明質酸，能夠改善陰唇形態，注射後即時見效，效果一般能夠維持一年。而陰唇紋理方面，可以嘗試陰部射頻治療，以增加皮膚的膠原蛋白及彈性纖維，從而減少紋理，原理跟臉部治療相若……」

陰唇不同嘴唇　不能一視同仁

Jennifer 按捺不住搶着說：「原來可以用透明質酸來『急救』大陰唇的凹陷，那我就明白了，應該跟我之前豐唇的透明質酸差不多吧！鄭醫生，『擇日不如撞日』，不如今天就進行透明質酸填充？我可以不用塗麻醉藥膏，省卻預備的時間，記得上次注射嘴唇時，不甚痛楚，完全可以接受的。我想嘴唇跟陰唇都是唇呀，感覺應該差不多吧！」

見她這麼勇敢，我就儘管一試，在大陰唇上端先刺一個小孔，用來放入導管，這時只見 Jennifer 已痛得滿臉通紅，我只好立即為

她打點局部麻醉藥水以減輕痛感。見她鬆了一口氣，臉紅減退後，我才慢慢用導管注入透明質酸，每邊大陰唇各用了差不多 2ml 的透明質酸。

治療後 Jennifer 摸摸大陰唇滿意地説：「兩邊脹卜卜的豐盈飽滿，回復年輕時的感覺，紋理似乎也少了些，沒想到效果這麼好！原來此唇不同彼唇，這敏感部位果真不能不用麻醉藥膏，幸而你給我打點局部麻醉藥水，否則難以承受此痛楚呢。」

陰唇從沒暴曬過　但黑過其他皮膚

第二天 Jennifer 回來複診，入針位已經復原了，完全不着痕跡，只見大陰唇脹起了，無紅無腫，她甜蜜地説：「昨晚，連我老公都大讚有質感，我們親熱時，他喜歡開着燈，先慢慢觀賞撫摸我的私處，我怕有一天他會察覺我的妹妹變黑了，誤以為我年輕時性開放，那就不妙啦。雖然我喜歡和陽光玩遊戲，但從沒暴曬過妹妹，它以前並沒這麼黝黑，跟身體膚色只深一點點，總算顏色均勻，現在連大髀兩側及會陰位置都變深色，而且皮膚粗糙，不只難看，還『蹺口嵒手』！」

見她這麼不解，我便詳細分析道：「陰唇比起身體其他部位含有較多的黑色素細胞，顏色較深是正常的事，陰唇的顏色，一般取決於先天因素，種族遺傳、色素多少及體質不同等有着莫大關係，正如你天生健康膚色，陰部通常較易產生黑色素，也會較深色。另外，陰部的黑色素細胞對荷爾蒙較敏感，所以青春期、懷孕、

分娩、年齡增長、避孕藥等荷爾蒙變化，會增加私處的色素產生，你的四個仔女，相信也為你的陰唇添加了不少顏色。」

「至於長時間發炎及摩擦，亦會造成陰部的色素沉澱，像你經常穿着貼身褲，每星期進行至少五天的爆汗單車班，以往不知多少次的脫毛方式，這些生活習慣都會重複摩擦私處，甚至形成輕微損傷發炎，難以察覺，但經過長年累月，角質層便會增厚，並刺激外陰皮膚啟動自我保護機制製造黑色素，導致胯下變黑。當然，若有內分泌疾病，例如慢性腎上腺功能減退，也會導致膚色加深，那就不只是陰部了，連臉部也會變深色。」

「清潔過龍」惹出禍來？

Jennifer 辯解說：「這種貼身瑜伽褲是近年大熱的款式，既舒服又方便，亦可展現性感的蜜桃臀，所以我經常穿着，沒想到會有這樣的『副作用』啊！提到避孕藥，自從生了老四後，我便服用至今，差不多十年了，月事準確無誤，再沒有經痛，亦不必戴安全套，親密時更加親近。倒是炎症就不常見，我並沒有患過陰道炎、念珠菌、濕疹之類，從未試過紅腫或痕癢，應該不會因發炎而變黑吧。我這麼注重私密處，在衛生方面也落足功夫的，每天使用陰部專用的清潔液來清洗下體，來回洗擦幾次，間中亦會使用消毒液，確保乾淨衛生。」Jennifer 說時顯得有點自傲。

我微微搖頭道：「有時過度清潔也未必好，可能把陰部的皮脂洗走，皮膚失去這皮脂保護層，容易受外界或尿液的刺激；至於消

毒液，不但會除去害菌，就連陰部的乳酸桿菌等益菌也會一同清除，因而失去這生物防禦層。其實，陰唇的 pH 值約為 5.3 至 5.6，跟身體其他位置皮膚的 pH 值差不多，不必特別選用陰部專用的清潔液，最主要是揀選清潔用品的 pH 值與皮膚相近就可以了。而且只需清潔陰唇的皮膚範圍，黏膜部份則不需要清潔，它具『自動清潔功能』。但清洗時要注意大小陰唇之間的摺位，這兒很多時藏有污穢，可能被忽略。洗擦後，亦可以塗一些陰部適用的潤膚霜，以作滋潤。」

Jennifer 瞪大了眼睛，一臉驚訝道：「從來沒想過『清潔過龍』會惹出禍來，多謝鄭醫生傳授的『陰部清潔秘笈』，現在才知道原來我一直做錯了，怪不得陰部間中會長『青春痘』啦！」

我被她弄得有點啼笑皆非：「剛才提到陰唇皮膚也含皮脂腺，當皮脂分泌過多、毛囊開口過度角質化、細菌增生、荷爾蒙刺激等，便會形成暗瘡，絕不出奇！不過有時候不一定是暗瘡，可能是巴氏腺囊腫（Bartholin's Cyst）或其他病灶，治療方法不盡相同，可以找醫生診斷清楚。」

性愛時陰唇會變身小紅莓

Jennifer 聽得一臉凝重，擔心地問：「鄭醫生，雖然我今天摸不到甚麼顆粒，但麻煩你給我檢查下有否甚麼不妥吧！最近，我發現行房時，陰唇像是再深色些，變紅變脹，有次完事後，還被老公開玩笑說，我的妹妹也去沙灘曬日光浴，我怕他遲早會發現它

的色素變化。」

我不禁笑笑説：「檢查過了，你的陰唇並沒有腫塊或甚麼異常，不用太擔心！性愛時，受性刺激影響，大小陰唇會充血膨脹，顏色變暗變深，這些都是性愛的正常反應。而懷孕及分娩會促進生殖器官的血管形成，相信你的四個寶貝一定為你的大小陰唇增添無數血管，所以充血更快，更脹大，更深紅，就像一顆飽脹的小紅莓，有如曬完太陽般的誘人，所以你先生也説得對。達到性高潮後，肌肉會有節奏地收縮，有助於釋放陰部的血液，同時引發快感。隨後，充血現象慢慢消失，陰唇便會逐漸恢復到原來的『本色』。整個過程，正如男士的陰莖在性刺激下充血勃起一樣，變長變粗，睪丸亦會產生變化，射精後陰莖漸漸軟下來，回復本來的模樣。故此，根本無須太在意，更不用擔心或感到尷尬。」

她恍然大悟：「原來如此，那麼若下次老公再笑我時，我就可以回敬他了！鄭醫生，話説回來，我的陰唇色素可以如何處理呢？聽説可以動手術，真的嗎？」

拯救妹妹大行動　私密處回春計劃

陰唇整形

Jennifer 鍥而不捨地追問，我就坦白對她説：「如果患者的小陰唇鬆弛、過長或不對稱，確實可以進行陰唇整形（Labiaplasty）修剪小陰唇，連烏黑的邊緣也一併切掉，使兩邊長短一致，改善形態，解決鬆弛，一舉多得。但開刀動手術，始終有一定的風險，

復原期較長，傷口較難打理，亦解決不了大陰唇及大腿內側的色素問題，需要考慮清楚。再者重點是你的小陰唇形態完美，只是邊緣的顏色深了點，看來沒有動手術的必要。」

果酸換膚

我續道：「你的情況，我建議進行果酸療程，可以針對陰部皮膚及大髀內側，去除粗糙角質，促進皮膚更新週期，令皮膚重回以前的細滑，淡化色素，並預防暗瘡。由於下體位置『迂迴曲折』，而且皮膚黏膜特別脆弱敏感，此治療應該到合適的私密診所，由受專業訓練的具經驗人士操刀。不過，要留意的是，基因遺傳的膚色或受女性荷爾蒙影響的色素變化，就未必有明顯進展了。」

Jennifer 插嘴問：「那麼家用的藥妝美白護膚品有用嗎？」我攤攤手說：「這類產品可能含對苯二酚（Hydroquinone），用以抑制酪胺酸酶去阻斷黑色素的合成，達至美白功效，但有機會產生紅腫等刺激反應，故需經醫生指導，才可作日常陰部應用。」

激光美白

Jennifer 聽得耳界大開，又問：「我試過臉部的激光去斑，快靚正！陰部可否也使用激光美白呢？」

這位靚太果然腦筋靈活，我解說：「當然可以使用激光擊碎陰唇的多餘黑色素，不過，因為私處一般偏深色，色素含量多，治療時的痛感強烈，故此必須先塗麻醉藥膏，再加上凍風才能順利完

成療程。雖然此部位不會外露暴曬，但因為含較多的黑色素細胞，相對反黑機會亦較大，需要十分小心能量的調控。」

射頻治療

我又補充說：「因此，對於怕痛的人士可以選擇射頻 RF（Radiofrequency）療程，RF 並非針對色素，但可增加私密處的血液循環，促進新陳代謝，加快減退黑色素。RF 還可刺激皮膚內的纖維母細胞（Fibroblast），增生骨膠原和彈性纖維，從而增厚皮膚，減淡陰唇紋理，使私處更具彈性。」

見她聽到「心心眼」，為免她過度幻想，我應管理她的期望：「你要知道這些療程有別於皮下填充注射，別期待即時見效，色素問題及皮膚質素不是一時三刻可以改善的，必須耐心地循序漸進。」

Jennifer 終於呼出一口氣，像是放下了心頭大石：「鄭醫生，原來我有這麼多的誤解，今天終於明白了，可以盡快展開妹妹回春計劃了！」看她豁然開朗的樣子，我也感到安慰：「除了私密治療外，平日生活也需多加注意，學習『陰部清潔秘笈』，避免穿太貼太緊的褲，選擇較少導致下陰摩擦過多的運動，考慮其他避孕方法，以免避孕丸的荷爾蒙影響下體色素等等。雖然在華人社會，但你不會將性看成了禁忌，懂得及早關注自己的私處，已經是個好開始，希望所有女士也能像你般多點關愛自己的身體。」

陰 唇 厚 過 一 楷 橙

女人愛美，對美的追求不限於樣貌和身形，對私密處的陰唇同樣重視，就像男性對陰莖的長短、粗幼、軟硬一樣，女性對自己陰唇的大小、厚薄、形態和顏色等，也會有不同程度的執着，不過若未婚或未有性行為的女生一般較少會留意到這方面，但才 25 歲的 Mona 卻是例外……

留着長髮，打扮斯文，身穿碎花長裙，戴着金絲眼鏡，十足乖乖女的 Mona 是一名幼稚園老師，來到私密診所諮詢時也是怕怕醜醜，但她還是鼓起勇氣紅着面地說：「鄭醫生，我想做修陰機呀！」

我接着問：「那你想改善甚麼問題呢？」Mona 低着頭答：「我覺得自己的陰唇像是跟別人不一樣，會否有問題呢？我看過你們的網頁，知道修陰機除了修復陰道外，還可以改善陰唇問題，所以想來試試。」

私密診所　處女也來

我一邊聽着 Mona 在訴説她的憂慮，一邊翻看診所姑娘為她做的婦科資料記錄，看到在性愛史（Sex History）一欄填上「沒有」，於是我重申問她：「最近一次『行埋』是幾時？」她竟然反問「行

埋」是甚麼意思？我解説：「即是性交！」Mona 有點尷尬地回應：
「鄭醫生，其實我未試過性行為的，我還是處女，那麼是否也可
以進行收陰療程呢？」我們私密診所這回是第一次有處女大駕光
臨！看她這個模樣，我也不便再問落去，只好叫姑娘安排她到私
密房間作檢查。

看着 Mona 脱掉內外褲躺在婦科床上時，還是盡她的所能用檢查
時穿的即棄半截裙遮遮掩掩私密部位，我把治療室枱面的小熊毛
公仔遞給她抱着並説：「小熊會陪着你，給你溫暖，你要盡量放
鬆讓我檢查清楚。」Mona 將小熊擁入懷裏，深呼吸了數下，閉
上眼睛，不再遮掩，像是豁了出去似的。我細看之下，她的小陰
唇確是與別不同，離奇的豐厚，有如「一楷橙」般！我從事私密
治療這麼多年，可説是閱「唇」無數，但亦從未見過這麼奇特的
陰唇。

陰唇百態　人人不同

Mona 見我不發一言，睜開眼睛問：「鄭醫生，我的陰唇是不是
有甚麼大問題呀？有得救嗎？」在回應她的一輪嘴追問前我禁不
住地問：「你為何會留意到自己的陰唇跟別人不一樣？你有看過
其他女性的陰唇嗎？」Mona 直言：「我本來也以為個個女生的
陰唇都是這麼樣，誰知有次上網追韓劇，突然彈出了一些三級色
情圖片，我好奇地 click 入去睇睇，簡直大開眼界，看到不同種族
女性的私密處，甚麼『芭比型』、『窗簾型』、『泡芙型』、『馬

蹄型』、『鬱金香型』，形形式式，有長有短，對稱不對稱，就是跟我那兒完全不一樣，瀏覽後我的心情從此跌落谷底。」

既然她已經略知一二，我就直述吧：「你的小陰唇確實較一般人長得厚了些，但臨床檢查過大小陰唇及會陰並沒發現腫塊或其他異常組織，很可能只是個別形態而已。就陰唇形狀而言其實也無所謂正常與否，亦沒有甚麼統一的標準，可以說每個人都是獨一無二的。根據統計，約有一半女性的小陰唇比大陰唇長，故此會凸出大陰唇外，完全不足為奇。亦有研究指出，女性小陰唇平均長度為 4.3 厘米，較小者可能只有 0.5 厘米，最大者則可達 10 厘米。」

我繼續分析道：「其實，只要沒有影響日常生活或性愛品質，亦沒有阻礙陰道分泌物的排出或使尿液殘留，不會導致清潔不易，產生異味甚至感染發炎等問題，陰唇或厚或薄也不會礙事。話說回來，小陰唇的最主要作用是保護陰道和尿道開口，像城門一樣防止病菌入侵，亦可以減少直接摩擦到黏膜部位；而性愛時，小陰唇的勃起組織（Erectile Tissue）會受性刺激而充血膨脹，當拉扯小陰唇更可增加性快感，因為小陰唇佈滿特別的神經末梢。」

擔憂嚇怕男伴　保持處女之身

Mona 點點頭說：「原來如此，怪不得當我有性衝動時，它會更加脹起，我就更加難面對了！我很害怕被男伴誤以為性經驗豐富，也因自卑不敢讓伴侶看到。說實話，它對我的日常活動亦造成諸多不便，如月經來潮時的衛生問題，黏黏立立很難受；有時也因

摩擦刺激而疼痛、所以我一直不敢騎單車；而且穿緊身褲、瑜伽褲或泳衣時特別凸出，故此我不會做瑜伽或游泳……」

聽到這兒我也深表同情：「到目前為止，醫學上仍不清楚小陰唇出現形態變異的真正原因，當然有些可能是由於性愛或自慰拉扯所致，或因服用荷爾蒙藥物而受影響，亦有些是由於長期感染所造成等，但大部份都是正常不過，沒有甚麼特別原因的。只是脫去恥毛後，陰唇的長度、顏色、皺紋等外觀性問題無所遁形了，故顯得特別明顯而已！」

Mona 有點後悔地道：「我正是脫去陰毛後，才發現這『兩楷橙』呢！還記得小時候，小陰唇還是小小的，被大陰唇完全包覆着，有如芭比公仔般美麗；到青春期後，就開始變長、變大、變深色了。其實，我之前也拍過兩次拖，每當男方想有進一步親密舉動時，我都會不自覺地推開對方，總是擔憂伴侶看到我那『兩楷橙』後，一定會被嚇怕走掉呀！但每次在最重要關頭都是如此，日復日月復月，不到一年感情就冷淡下來，過不久便分手收場了。鄭醫生，這叫我如何自信地在喜歡的男伴前裸露呢？我擔心再不處理那『兩楷橙』，我最後定必成為老姑婆了，修陰機可以修薄這『兩楷橙』嗎？」

修陰機非全能

一提到性愛，Mona 便低着頭眼濕濕，像是對自己仍是處女之身感懷身世。不過，我也只能無奈地向她直言：「我明白這小陰唇

的外觀對你的感情生活造成了重大的影響，你急切地想補救，但這樣的厚度，修陰機應該幫不到手，可能需要動手術——陰唇整形，可以找有這方面經驗的整形外科或婦科醫生處理。」

Mona 有點不知所措：「不是說修陰機除了可以深入陰道進行收緊治療外，還可以改善陰唇形態、皺紋、膚色及分泌等？」

見她滿臉失落的情神，我安慰道：「你也說得對，修陰機可以解決皮膚層面的問題，例如刺激陰唇內的纖維母細胞，製造膠原蛋白、彈性纖維、細胞間質等，從而減少陰唇的皺摺，令陰唇變得緊緻；同時可以提升血液循環，改善色素及調整分泌。可惜的是，你的情況有點不同，似乎是結構性的問題，也不只局限於皮膚深度，那非修陰機可達到的範圍了。陰唇整形可以重塑小陰唇的形狀，裁剪出心儀的形態。手術可以幫助解決左右小陰唇不對稱，或因陰道分娩或過度減肥後小陰唇過度變形，或因長期拉扯或抓癢而導致的小陰唇過長問題等……」

Mona 聽罷雙眼再次展現神采，為免她期望過高，我必須補充一句：「別忘記剛才說過，小陰唇滿佈神經末梢，沿着小陰唇邊而走達至陰道口及陰蒂，若手術破壞了神經分佈，可能影響性敏感度。另外，雖然小陰唇無毛及不含脂肪，但卻含有皮脂腺及汗腺，所以手術亦有機會傷及兩者的分泌。當然，手術的詳情及風險留待操刀醫生再為你詳述吧！」

含苞盛放的花蕾　如海棠花的花瓣

事情看到了曙光，Mona 也放鬆下來，她好奇地問：「鄭醫生，你有看過『靚』陰唇嗎？」我想了想答：「印象中最『靚』的陰唇是一位 30 出頭的女士，未生育過，她的陰部像一朵含苞盛放的花蕾，兩片小陰唇微微外露於大陰唇，有如海棠花的花瓣般，緊緻粉嫩幼滑，兩側對稱，大小陰唇各佔陰部闊度的三分一。而且大陰唇飽滿豐盈，毫無皺摺，色澤均勻。」

Mona 聽得一臉羨慕地說：「如果我的陰唇也是如此完美你說有多好呢！」我一言驚醒她：「當年華老去時，再『靚』的陰唇也難敵歲月的衝擊，陰唇跟臉上皮膚一樣，隨着骨膠原和彈性纖維的慢慢流失，及受地心吸力的影響，陰唇會漸漸變得鬆弛、下垂和出現皺紋。若小陰唇超過 5 厘米一般屬於過長，可能造成摩擦，產生痛感和不適；而陰唇的皺紋，容易藏污納垢，滋生細菌，影響個人衛生。」

放下「一楷橙」　終找到幸福

最後，我轉介 Mona 至整形外科，集中處理她的小陰唇形態。手術完成後，Mona 再來找我，這一次與陰唇無關，而是她想加厚嘴唇，這回容易不過，只是一兩毫升的透明質酸，她便可以如願以償了！

在準備嘴唇填充的過程中，大家傾談起近況來，原來她再次拍拖，已不再是處女了！「鄭醫生，過往我太執着陰唇的外觀，因而失去了自信及自我，破處後我終於明白，只要對方真心真意喜歡你，他便會接納你的所有優點和缺點。相信我已經找到了幸福，我無懼在他面前赤裸裸地展現自己的真面目！」我有點「老懷安慰」：「你想通了就好，那麼你還進行豐唇治療嗎？」

都市傳説：
多吃菠蘿，
可令私處香甜？

那天下班回家，才站在門外，已聞到陣陣熟悉的濃郁香味，心裏暗想：「又是菠蘿?!」話説我家中的外傭 Mia 鍾情菠蘿，每星期必備菠蘿給大家享用，不同的是一星期一次、兩次還是三次而已！Mia 是菲律賓人，已經五十多歲，自我兒子 Darren 出世後便來我家工作，一做就十年了！現在 Darren 可算成了個小男生，這些年來多虧有她的照顧，我才能無後顧之憂的出去闖，專心工作，為自己的事業奮鬥。

沒有期望就不會失望

不少人覺得我對工作要求高，以為家裏的傭工應該會換個不停，想不到我的家傭這麼多年來依然是 Mia！要維持長久的賓主關係，我並沒有以財留人，只是根據政府建議的工資，再加年尾的花紅而已。我跟 Mia 的相處之道，最重要的是不要管束太多，家務過得去就算，飯餸煮得熟就算，孩子食得飽着得暖就算……切忌期望過高，就不會失望過大！當自己也做不來的時候，就要隻眼開隻眼閉，不要過問太多。

155

所以她時常買菠蘿的事，我只是好奇，卻沒有多問，加上平日各有各忙，怎有空貿貿然刻意地去了解呢？直至這天我終於有時間停下來喘喘氣，便和她到街市走一趟，她看到菠蘿又想買了，我終於忍不住出聲問：「昨晚才吃過菠蘿，你為甚麼對菠蘿情有獨鍾呢？」我一定要把握這次機會來解開我家這個多年的謎團吧！

Mia 鍾情菠蘿，每星期必備菠蘿給大家享用。

多吃菠蘿令私處更香甜？

Mia 一臉不以為然地回答：「Mum，你應該知道菠蘿營養豐富，纖維又多，而且富含維生素，美味可口，有助消化及防止便秘，是健康食物呀！」我又怎會接受她這些敷衍的解釋呢？故意望着她默不作聲。她只好吐出真實理由：「其實，我聽同鄉說多吃菠蘿可令私處更香甜。」她們同鄉裏，常有不同的「鄉間」傳聞，有些是生活小智慧，卻也有不少流言蜚語，不能盡信。

我忍不住笑了出來，是時候為她好好拆解這個多年的謬誤了：「首先你要知道女性下體氣味的由來，私密處是一個微妙的生態環境，有着許多不同的細菌，包括需氧菌和厭氧菌，其中乳酸桿菌是天然抑菌因子，能將糖原（Glycogen）分解成乳酸，使陰道酸鹼度保持在 3.8-4.2 的酸性狀態，形成天然免疫屏障，抵擋病菌入侵。乳酸桿菌所產生的物質——乳酸，形成了陰部獨有的酸味。另外，

由於隱蔽在大小陰唇內的濕氣不易消散，加上陰毛密佈、汗腺發達，故交雜成女性特有的下體氣味！由此可見，除非所進食的食物能夠改變陰道內的乳酸桿菌或它的代謝物，否則並不會改變下體的氣味或味道，故此菠蘿可以令下體香甜的傳聞並不成立。」

洗澡能去掉陰部的酸味嗎？

Mia 眨眨眼，低聲地說：「原來如此，我還以為是由於平日進食濃味的食物，才令下面的氣味變濃，以致洗澡也無法去掉陰部的酸味。」

我繼續為她解答：「洗澡只可除去汗液和體液，有些女士使用肥皂、沐浴乳甚至陰道灌洗液洗擦，不只徒勞無功，反而有機會破壞天然屏障，影響陰部健康。話說回來，有些食物的確能影響體味，但通常是變差，不能變香！例如大熱的蘆筍，經身體代謝後產生的蘆筍酸，由尿液排出時會產生一陣難聞的硫化合物氣味，由於基因遺傳，大約四成人能嗅出這種氣味。此外，蒜頭的一些揮發性代謝物，亦會在尿液和人奶中留存，但卻不會在陰部積聚。」

Mia 似乎已經理解陰部氣味的由來，這觸發起了她的求知慾，進一步問道：「Mum，那麼如果下面出現其他古怪的味道，原因又何在呢？」

陰部浮現異常氣味

我和她在街市邊走邊解說：「當陰部浮現異常氣味時，有三分之二是有跡可尋，有機會是由以下問題所引起的：

· **細菌性陰道炎**：由多種細菌引起，泡狀灰白色分泌物發出魚腥般的惡臭。

· **滴蟲性陰道炎**：是一種性病，由毛滴蟲引起，分泌物呈黃綠色的泡沫狀，其氣味與細菌性陰道炎類似，要化驗才可分辨。

· **脫屑性炎性陰道炎**：這並不常見，患者陰部表皮細胞嚴重脫落，分泌物特多，陰部的微生態環境失衡，pH 值變高。

· **皮膚病**：例如陰唇皮膚病，會加重陰部氣味。

· **更年期生殖泌尿症候群**：更年期後雌激素下降，令乳酸桿菌數量大減，影響氣味。

· **小便失禁**：有時會忽略了尿滲問題，尿壓味加劇了陰部氣味。

· **衛生棉條**：大意地遺忘了陰道棉條，令細菌大量滋生，因而發出極之難聞的氣味。」

這麼學術性的解說，沒想到 Mia 竟然聽到津津樂道，我續說：「故此，當發現下體氣味異常時，必須盡快就醫，查明究竟，對症下藥。醫生會如偵探般『調查』病歷，檢查下體皮膚、陰道，並嗅嗅氣味和進行檢測，以斷定異味來源。可以簡單地用 pH 試紙檢測陰道內的 pH 值，若高於 4.5 可能不正常。另外，亦可進行氨臭味試驗，把 10% 的氫氧化鉀滴在陰道分泌物中，如產生強烈魚腥味，即顯示有細菌性或滴蟲性陰道炎。」

下體氣味無跡可尋

説到這裏我賣一下關子:「不過,亦有三分之一的下體氣味是沒有特別原因,即使檢驗也驗不出身體有任何問題。」

Mia 心急地追問:「那是甚麼呢?」

我解開謎底:「主要有以下三大原因:

1. 異常味道可能是個人本身的體味。女性的陰唇、周邊皮膚、腹股溝等位置,有許多汗腺及皮脂腺,當細菌將汗液及皮脂分解後就會產生體味。這些分泌狀況受體內荷爾蒙所影響,因此女士們每月總有些日子會覺得下體氣味特別濃烈。

2. 長期使用不含雌激素的避孕方法,例如單一荷爾蒙避孕針、藥性子宮環。這些方法變相影響了陰道內糖原的含量,因而減低了乳酸桿菌的生存率。此外,殺精劑亦會殺死乳酸菌。

3. 過度清潔、洗擦或灌洗陰部,或者曾服用抗生素、抗真菌藥物,都有可能傷害陰道內的乳酸桿菌。當陰道內的細菌分佈有所改變,就有機會產生異味。」

如何改善下體異味?

Mia 恍然大悟地説:「原來是這些原因導致下體的異味,既然多吃菠蘿可以令下體香甜只是坊間傳言,那麼應如何加以預防和改善呢?」

Mia 豎起耳朵等待我的答案:「可以注意一些日常生活習慣,例如:

· 不要過度清洗、過分洗擦陰部;不要使用過強的清潔液,選擇
  溫和及偏酸性的便可;更不必灌洗陰道。要避免傷害陰道內的
  乳酸桿菌,如果破壞了這道陰部天然屏障,反而會影響陰部健
  康,增加異味。

· 個人衛生方面,宜勤換內褲。如自覺味道較重,日常上班或外
  出時不妨帶備多兩三條內褲以作隨時更換。內褲宜選棉質,穿
  着新買或長期沒穿過的內褲前必須先清洗。平日衣著應選鬆身
  的褲或裙,不要過緊,以保持下體通風,減輕汗腺及皮脂腺分
  泌所造成的氣味。

· 注意衛生巾和衛生紙的品質,戒掉時常使用護墊的習慣,盡量
  增加陰部的透氣度。

· 食物方面,宜保持清淡,避免進食有揮發性氣味的食物影響
  體味。

· 保持愉快心情,養成健康生活習慣,不要感到有氣味就隨便購
  買藥物服用或塞進陰部,可能引起更多問題。

· 若脫去較濃密的恥毛,有助降低陰部的溫度和濕度,理論上可
  減少細菌滋生,減輕異味問題。但這點並沒有足夠的醫學驗證,
  只源於一些患者的實例和經驗。」

陰道出現豆腐渣

這時我們走到豆品店買豆腐，Mia 壓低聲線跟我說：「Mum，看到這些豆腐，我想起有位姐妹，在同一屋苑工作二十多年，她說陰道不時有些白色豆腐渣分泌物，外陰紅腫、痕癢及灼痛，有時連尿道口亦感痛楚，引致排尿困難及灼熱，聽聞她回鄉與先生同房時亦疼痛萬分。她在同鄉經營的士多購買陰道塞劑，好了又復發，挺困擾的，她為何會如此呢！」

我買了兩磚豆腐，準備今晚煮一道麻婆豆腐，付款後解釋：「就你所述，你的姊妹可能患有念珠菌陰道炎，是常見的陰道炎之一，90% 是由白色念珠菌（Candida albicans）所致。念珠菌屬於霉菌的一種，在自然界中廣泛存在，喜歡潮濕及溫暖的環境。所以人體內，如口腔、消化道、皮膚和女性陰道，都有一定數量的念珠菌。若沒有甚麼病徵，可以置之不理，與它共存，但像你姊妹般的不適，就需要治療了。但絕非在士多自行購買成藥，那只是藥石亂投，因為免疫力低或糖尿病人較容易患有念珠菌陰道炎，所以必須查清原因，才能迎刃而解！」

亂服抗生素引致念珠菌

Mia 把那兩磚豆腐放進買餸車後，沉鬱地說：「我們很多姊妹有病時，都會在士多買點藥舒緩病情，若沒有改善，就會買幾粒特效藥，雖然貴點，但通常奏效些。我們做工人的，怎敢提出要看醫生呢？一方面怕被僱主以為濫交，擔心被標籤；另一方面又怕

麻煩主人，最後連『飯碗』也保不住！」

我心裏一酸，投以同情的眼神説：「疾病是需要醫治的，相信僱主會明白和體諒。士多的那些特效藥可能是抗生素，你們這樣亂服，只吃幾粒便當無事，沒有完成整個療程，反而會增加細菌的抗藥性，之後更難醫治了！而且經常性服用抗生素、長期服用類固醇或免疫抑制劑，會破壞陰道的生態平衡，使念珠菌數量大增。另外，經期前後、肥胖、懷孕、避孕藥等，會影響體內荷爾蒙含量，從而改變陰部的菌量。而穿着不透氣的內褲、緊身褲、時常使用護墊、恥毛茂盛等，亦會增加下體的濕度，助長病菌滋長。故此，應該盡量避免以上的誘發因素，以減少念珠菌陰道炎的復發機會。」

聽到這裏，Mia 瞪大眼説：「怪不得我的姊妹那些豆腐渣不能斷尾啦！她不只身形肥胖，喜歡穿着貼身牛仔褲，並每天使用護墊保持乾爽，也服食避孕丸以作調經之用，她還經常灌洗陰道，希望將分泌物清掉，但似乎徒勞無功之餘，還會加劇病情！聽聞她媽媽及親生姊妹也有類似的問題，我想基因遺傳可能有一定的關係吧！」

想不到 Mia 有點醫學頭腦，我笑一笑道：「不愧為我的 helper，你的醫學知識果然增進不少。」

女兒芝士渣惹失身疑雲

Mia 忽然想起了些甚麼，擔心地問：「我上次放假回鄉，替女兒

清洗內褲時發現有些像芝士般的東西，會否也是念珠菌陰道炎呢？那時我不以為意，以為只是一般的陰道分泌，沒甚麼大不了。現在聽你所言，我開始擔憂，她會否已經失身了呢？我們一家都是虔誠的教徒，絕不能進行婚前性行為的。令我更憂慮的是，她會否染有性病呢？」

Mia 跟其他菲傭一樣，每一兩年便會回鄉放假，今年初她剛回菲律賓探望家人。見她這麼憂心忡忡，我盡力為她解答吧：「你不要疑神疑鬼啦，單靠內褲的分泌物，未必可以準確斷症，你應該問清究竟，才下定論！就算確診念珠菌陰道炎，亦不一定代表有性行為，因為無論是處女、少女或小女孩都有機會患上念珠菌的，而且它並不屬於性病。當然，性伴侶有可能因此感染到念珠菌，我也曾見過因口交而得到口腔念珠菌感染，或因陰道性交而陰莖出疹發炎的個案，需要一併診治。但若伴侶並沒有病徵，就可以置之不理。」

陰道具「自動清潔功能」

Mia 放下心頭大石說：「那麼我就放心些！其實，我的女兒為人潔身自愛，乾淨衛生，特別重視陰部的日常護理，應該不會患上陰道炎吧！我自少就教導她要每天清洗陰部及更換內褲；而清潔的方向應由前向後，以免將肛門的細菌帶到陰道和尿道；亦建議她穿着棉質內褲及寬身褲或裙；選擇淋浴，避免浸浴；並提醒她不要於陰部使用香體露或止汗劑等。」

我投以欣賞的眼神，讚賞她說：「你果然是一個出色的母親，連女兒的私密部位也能兼顧得到，怪不得你的子女品學兼優，在學校裏名列前茅。清潔衛生固然重要，但只是外陰皮膚部份就夠了，黏膜位置不必特別清洗，因為陰道具『自動清潔功能』的，所以切勿像你的同鄉那樣灌洗陰道，以免洗走陰道內的益菌！亦盡量不要長時間使用護墊，因為膠膜及棉花會增加陰部的溫度及濕度，容易成為細菌的溫床。若月經前後需要使用護墊，就要頻密更換；若平時分泌過多，可以更換內褲代替護墊。若有性行為，事前雙方應先洗澡，性愛後可以盡快去小便排清尿液，減低炎症的機會，當然必須使用安全套，以防性病。」

陰道細菌多籮籮

Mia 好奇地追問：「為何陰道內會有這麼多細菌呢？究竟有哪些陰道菌群啊？它們有何作用？」

見她感興趣，我即管粗略地解釋一下：「人體本身就共存着種類繁多的微生物，如口腔、腸道、皮膚、陰道等有着各式各樣的菌種，如果他們能夠和平共處，微生態取得平衡，並無不妥之餘，還可以形成微生物屏障，具保護作用！陰道含超過 250 種的微生物，包括需氧菌和厭氧菌、革蘭氏陽性菌和革蘭氏陰性菌等。如前所述，當中最重要的是不同的種類乳酸桿菌，可以將陰道內的糖分代謝成乳酸（Lactic Acid）和醋酸（Acetic Acid），從而降低 pH 值，起着保護性的作用。」

外傭的辛酸

觀乎從菲律賓、印尼或其他發展中國家來到這裏謀生的外傭，離鄉別井多年，往往犧牲了和家人的歡樂時光，錯過了子女的成長片段。這些「職場婦女」大半生都為人家工作，幫人家帶孩子，照顧人家的長輩，寄居他鄉的人家裏。她們節衣縮食，把賺到的一分一毫寄回鄉，令親人有更好的生活。可是由於長期相隔異地，有不少婚姻因此觸礁，與子女感情也因此變得疏離。像我家的 Mia 早就離了婚，前夫正是在她長期來港工作時出軌有了新伴侶；她的一子一女快要大學畢業了，每次找她都是伸手要錢，她像是已經被當成了家人的提款機或搖錢樹。

這十年來，我們都是同枱吃飯，希望為她帶來一點家庭溫暖；我曾花兩年時間傳授廚藝給她，可惜她實在沒有烹飪的「慧根」，我也只好放棄！所以我放假時多是親自下廚，煮給大家享用；至於洗滌燙紉方面，這些年來她不知毀掉了我多少件絲質連身裙、cashmere 毛衣、挺直外套……但當想到她隻身來港，為我們一家作出的貢獻，實在功不可沒！

男伴愛的舉動，
豈止買衛生巾？
還有剃陰毛！

在醫美診所工作，對愛美的姑娘來説的確很方便，近水樓台，為人做治療之餘，也可以為自己做療程。為了鼓勵大家準時上班，診所也會每月送贈一項醫美項目給同事以示加獎。當中激光脱毛最大眾化，而私密處脱毛更是這十年八年間最受歡迎的部位之一，不過因應助護的年齡層不同，對此位置亦有不同的要求：成熟點的喜歡只脱去比堅尼線，留下金三角小小一撮毛髮，以示女人的韻味；而年輕些的則喜歡全部清掉，「一絲不掛、輕鬆自在」，私密處變得滑滑溜溜。

這天，走青春韓風的 Jenny 姑娘塗了麻醉藥膏，正準備進行她的「員工準時獎勵」——陰部激光脱毛。我為她調校激光度數時問：「上次療程後，把毛毛脱得清光，還習慣嗎？」「很爽呢，鄭醫生，月經期間和小便後，清潔更方便，私密處更乾淨了。香港夏天又熱又焗，若分泌物多再加上流汗又濕又黏，好易有味，脱了恥毛後通爽得多了，味道也沒那麼濃烈呢！」 看她説個不停，似乎頗滿意呢。

為何激光脫毛要先剃毛？

在她一邊説，我已一邊幫她檢查陰部的皮膚狀態，看看是否適合進行激光脫毛，如最近暴曬過或皮膚太乾，可能會增加風險，影響能量高低及治療成效。所以即使員工療程，也必定要經我仔細評估，才指示負責操作的姑娘調節激光度數。

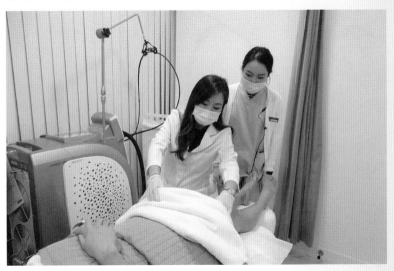

進行激光脫毛前必須檢查陰部的皮膚狀態

「怎麼毛毛剃得這麼乾淨！」本想讚一讚負責脫毛的姑娘，誰知 Jenny 爭着説：「是前晚我在家先剃的。」未試過光學脫毛的讀者看到這裏，可能覺得奇怪，怎麼激光脫毛，還要先剃毛呢？沒錯，因為激光能量會經由毛髮的黑色素直入毛囊，產生光熱反應，令毛囊萎縮破壞，毛髮不再生長。故此，在進行光學脫毛前，需要先剃走毛髮，以免造成表面皮膚燒傷。

當然，一般病人會先塗上麻醉膏，治療前再由助護幫忙清理毛髮；但脫毛經驗豐富的 Jenny，早兩天已在家中自行處理了，讓皮膚休息一日，才進行激光脫毛。她亦事先拍下陰部的相片，方便我細看毛髮的粗幼、濃密，用以準確決定激光度數。

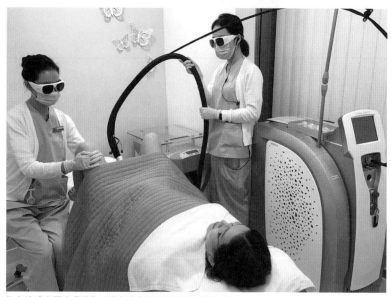

為免造成表面皮膚燒傷，進行激光脫毛前需要先剃走毛髮。

老公為我剃陰毛

話說回來，要自己的陰毛自己剃又談何容易呢！還要剃得這麼乾淨，一根不落太難了吧！問 Jenny 如何做到？她含羞答答卻又帶點甜絲絲地説：「是我老公幫我剃的，我主動問他可否幫忙，他一開始也有點愕然，完全不明白為何要剃陰毛。我跟他解釋後，他就很爽快地答應了。」正在準備操作激光的姑娘 Anna，不禁露

出羨慕的眼光：「你先生真的很愛你啊！這行為絕對貼心，以往男伴能夠衝破心理關口，無懼別人的尷尬目光，肯幫女伴買衛生巾，就被視作愛的表現；如今原來已昇華至願意替另一半剃陰毛了，相信他會因此而加分呢！」

Jenny 也不吝嗇的分享：「最意想不到的是，這舉動竟成為我們夫婦間的另一親密活動，我倆會一起研究要否用剃鬚膏？要否買新剃刀？我洗澡後，看着老公小心翼翼地為自己剃恥毛，專注呵護的樣子，細心體貼的神態，作為太太的我深深感受到他的愛惜和珍重。一直以來，我從沒見過他這麼認真和小心，可能他知道那個部位的皮膚特別幼嫩，害怕弄傷我啦！」

那麼這位丈夫對太太的私密處有沒有毛髮，看法又如何呢？Jenny 甜笑道：「他說沒有所謂，影響不大，只要不是過於濃密就可以了。」我暗笑：「應該說只要是你就可以了！」若看美國有趣的調查統計，竟高達 60% 受訪男性偏好女伴脫陰毛；反觀女性對自己的脫恥毛偏好只有 24%，主要因個人習慣或穿比堅尼時更方便。

天生陰「毛」必有用？

Jenny 聽罷問：「話時話，究竟私密處是否天生我『毛』必有用呢？」我答道：「確實有點作用，例如如廁時，毛髮有導引尿液、防止尿液四濺之用；在性行為時，拉扯陰毛可增加性愛的刺激感，也可以鎖着陰部的黏液，性愛時用以潤滑下體；此外，還可以引

起視覺性興奮，以及減輕各種摩擦所產生的疼痛及不適。但因遺傳關係，腎上腺皮質產生的雄激素，使部份女性陰毛生長旺盛，不只造成衣著上『露毛』的尷尬情況，生理上也令陰道分泌物、汗液難以蒸發，增加下體的溫度和濕度，助長病菌滋生，容易產生異味，造成下體的困擾。特別是月事期間，濕濕黏黏的，加劇私密衛生的問題。」

Anna 也加把嘴：「我見過有些病人的毛髮長至肛門附近，令便後難於清理，使大腸桿菌有機可乘，容易走向陰道及尿道，增加感染的風險，最後導致炎症。我相信合適的下體脫毛，有機會改善這個情況，也能提升美觀度。」

人類的陰毛進化至今，功能上也有所變化，脫與不脫各有其利弊，大家需要衡量個人的需求。最重要的還是保持私密衛生。如進行光學脫毛需注意當中的風險，確保有足夠的安全措施，以及充足的止痛方法，也要小心事後護理，以減低可能的風險。

平胸混血兒真人實測：
木瓜奶豐胸傳説

坊間一直流傳着木瓜奶豐胸的傳聞，網上亦能搜尋到大量有關這神奇功效的資料，但眾説紛紜！早前我接到一個網台的邀請，關於真人實測「木瓜牛奶豐胸」是否屬實，原本覺得不是甚麼新話題，不過當看過製作團隊的計劃書後，完全被他們的認真程度打動了。這網台實踐「流言止於醫者」的理念，透過各類真人實測以拆解醫學迷思，並訪問中西醫、營養師等專業人士以探索都市流言和大眾疑惑，推翻健康謬誤。

我不是「飛機場」

這次真人實測的主角是 Pui Pui，今年 21 歲的中泰混血兒，是一位年輕舞蹈老師。別以為混血兒就會擁有豐滿的上圍，Pui Pui 坦言：「經常被男生嘲笑我未發育，又話我係『飛機場』！漸漸地我也自嘲説我不是『飛機場』，那不是『平』而是『凹』的。我當然渴望乳房可以再度發育，增加一點女人味。因此即使我厭惡牛奶和木瓜，還是接受了這次『木瓜牛奶豐胸』的挑戰。」

製作單位要求 Pui Pui 於一星期內每日三餐都飲木瓜牛奶，至於平日的飲食習慣和運動量就維持不變，看看一星期後她的胸部有否轉變。要實驗結果準確無誤，當中所有的量度及數據都必須精準及量化，我

提議：「可以於挑戰前後量度體重、體脂及胸圍，另外，需要記錄每餐木瓜牛奶的份量。Pui Pui，你懂得如何正確量度胸圍及罩杯嗎？」

Pui Pui 急着答：「我識呀！先量度胸上圍，以胸部最凸出的地方為標準，通常是乳頭位置；再量度胸下圍，即胸部下緣的長度。杯罩方面，就是胸上圍減去胸下圍，用以顯示乳房體積的大小。」

A 罩杯：7.5-10cm	B 罩杯：10-12.5cm	C 罩杯：12.5-15cm
D 罩杯：15-17.5cm	E 罩杯：17.5-20cm	F 罩杯：20-22.5cm

我滿意地微笑道：「看來你也很清楚如何準確量度胸圍及計算罩杯！為了減少誤差，最好是裸露上身，對着鏡子，姿勢站直，保持正常呼吸，測量時軟尺須前後成水平，不可忽高忽低！最好是月經週期的特定日子量度，否則荷爾蒙亦會造成胸部腫脹，影響胸圍大小差異。不過這次實測只有七天，未必能夠做得到，而且要進行拍攝，也不能脫去胸圍，所以總會有點偏差！」

胸部越大越靚？

量度胸圍尺寸後，Pui Pui 算了一會後尷尬地説：「其實，我知我係A 級，如果實測後可以有 C 級，我已經很滿意了！但如果再大些，我會更開心！」

我狠狠地打碎她的美夢：「胸並非越大越靚的！美麗的乳房大小除了需要配合身材比例外，形狀、乳頭及乳暈的位置還要適中、對稱。正面形成黃金三角的比例原則；側面乳頭位置應在上手臂的二分一處。

形狀方面，以水滴形為最美，即上半球佔 45%，而下半球佔 55%。一般東方女士的胸部尺寸為 33 至 34C 最適中，若乳房重量超過 1,500 克時，可能患上巨乳症。擁有巨乳亦未必快樂啊！身體上反而會加重腰背的負擔，造成駝背或腰痠背痛，衣著打扮也容易顯肥。此外，社交上更不禁令人的視線落在胸部，產生不必要的尷尬情況。」

患上了「細乳症」？

Pui Pui 聽後好奇地問：「鄭醫生，既然有巨乳症，那我是否患上『細乳症』？」她果然有無限的幻想空間：「細胸不是病！可能是遺傳所致，亦受到個人體質和雌性荷爾蒙的影響，而青春期的營養吸收也是關鍵。故此，發育期間必須注意均衡營養，特別是蛋白質和脂肪量，千萬不要過度節食或揀飲擇食，以免乳房發育不良。」

Pui Pui 終於回到現實世界：「但我已經 21 歲，應該『青春期』不再了，連續飲用一星期又能否『將勤補拙』呢？」

我向她直言：「相信有點困難！乳房主要由乳腺和脂肪組織組成，而脂肪更佔三分二的體積，故此乳房的大小最主要取決於乳腺和脂肪組織的數量，兩者數量越多，乳房就越豐滿。由此可以推測，進行實測的這星期，若運動量及其他飲食習慣維持不變，木瓜牛奶中的全脂奶 100 毫升約含 63 卡路里計算，當每天吸收的總熱量超過消耗時，便有機會致肥，脂肪會增加，胸部會變大之餘，身體也在變胖呢！」

窈窕的 Pui Pui 對「肥」字特別敏感：「那即是變相增肥？」我安

撫她説：「以你的情況而言，每日教跳舞所消耗的能量也不少，若足夠抵銷木瓜牛奶增加了的熱量，便可能沒有特別的變化。」

以形補形，以奶補奶

Pui Pui 開始有點猶豫了：「像你這麼説，即是得個桔！既然從醫學角度木瓜奶豐胸未經證實，坊間流傳的這功效可能是基於以形補形，以奶補奶吧。那麼木瓜牛奶有否甚麼好處或壞處呢？」

正所謂流言止於醫者，我解説：「説實話，這些傳聞有時確實難以追溯原因，相信大家都知道木瓜牛奶營養豐富，但適可而止。牛奶雖然富含蛋白質，不過有些人會對當中的乳蛋白敏感，導致腹瀉或皮膚痕癢、濕疹發作等；亦有一些人空腹喝牛奶容易拉肚子，一般跟乳糖不耐症有關；另外，全脂奶的脂肪及熱量都較高，多飲容易致肥。至於木瓜，又號稱萬壽果，曾被世界衛生組織列為『營養價值最高的水果』之一，富含維生素及纖維，有助腸道暢通，防止便秘；若木瓜進食過量，當中的『β 胡蘿蔔素』會沉積在皮膚表面，導致皮膚泛黃，但只要停止進食大約 2 週，黃氣就會退掉；另一方面，木瓜含高鉀量，如患高血鉀症或腎功能弱等人士，就需控制木瓜的攝取了；由於木瓜也含有天然乳膠（Latex），對乳膠過敏的人應該避免食用。」

拆解豐胸方法

「那麼有甚麼方法可以豐胸呢？」Pui Pui 滿懷希望地問：「聽聞

懷孕或餵哺母乳，又或服食避孕藥，可以令胸部脹大一點是嗎？擴胸運動有效嗎？胸部按摩又如何？醫美儀器呢？」

我無奈地為她一一拆解：「懷孕、餵哺母乳，或剛吃避孕藥時，由於荷爾蒙刺激，故胸部有脹大的感覺，但過後便會打回原形。至於擴胸運動主要令胸肌更發達更結實，事實上並不能增大乳房。而透過胸肌鍛煉，可以讓胸部更加「挺拔」。不過，過度鍛煉也會使乳房脂肪變少，人瘦了乳房也縮減了，看看健美小姐的胸部就明白了。至於按摩有助加速血液循環，可能使胸部的血管擴張，得到短暫的豐胸作用，但並非長遠方法。就算先進的醫美儀器，例如透過射頻及超聲波等能量，也只能做到緊實作用，改善乳房下墜的情況。」

經過一番解說後，慶幸 Pui Pui 也沒有因此放棄挑戰，她最後完成了一星期木瓜牛奶豐胸實測，並拍片在網上與人分享，她的堅毅的確令人佩服。實驗結果當然如我們所料，就是乳房大小沒有任何變化，但這次實測只能列作個案研究（Case Study），畢竟單一個案的研究結果可信性較低。不過，對 Pui Pui 來說，卻得到了比大胸更佳的禮物：「這次挑戰令我對自己的身體了解多了，更懂得愛惜和照顧自己的身體，也因此學會懂得欣賞自己，更有自信地面對自己的細胸。」

【一週實測】傳說之豐胸法！日日飲木瓜奶真係有用？

影片連結：https://www.youtube.com/watch?v=iUSHxX_s7hI

胸 怎 能 亂 豐 ？

作為私密診所，我們的病人都是預約而來，當中最普遍的問題是陰道鬆弛，其次便是尿滲困擾及更年期後行房疼痛等。不過，這天卻來了一位 walk-in 的病人 Yannie，她既非現有病人轉介，也非經網上搜尋，而是單純地路過此地，見樓上有私密診所，又是女醫生，便膽粗粗跑上來，碰巧有病人臨時取消了，姑娘便讓她補上，一切就像為她預備一樣！

Yannie 年約二十出頭，就讀會計系碩士，一面憔悴地走進診症室劈頭便說：「我發現胸部有硬塊，特別是某些動作或呼吸時，就會疼痛，有時痛得難以入睡。」原來她並非諮詢私密問題，而是乳房腫塊，可能她分不清兩者屬於不同的專業範疇！但既然有緣成為我的病人，也要盡力幫她看看吧。

我仔細逐一查問：「幾時開始？怎樣痛法？每次痛多久？頻率如何？……」最初 Yannie 有點支吾以對，然後慢慢滴下淚水坦誠地說：「老實說，我進行了豐胸針注射，起初效果也不錯，之後沒多久，胸部便痛楚起來，之後還摸到了硬塊。這事令我備受困擾，又害怕又擔心，晚上常常失眠，日間難以集中精神，感到毫無希望，覺得人生再無樂趣，有時更不自覺地哭泣，亦曾萌生自殺念頭呢。」

聽到這裏我意識到事態嚴重，Yannie 有不少抑鬱的病徵，應該是患上適應障礙症（Adjustment Disorder）。經過一番心理輔導及安慰後，Yannie 收起了眼淚，心情也平靜下來：「我的胸部發育前後根本沒甚麼分別，都是那麼平扁，完全找不到這第二性徵，還像個女人嗎？不但朋友常嘲笑我是『太平公主』，連我也覺得自己似『飛機場』！日常也不知如何穿衣好，更不用說泳衣了。」

披上醫生袍就是醫生嗎？

缺乏自信的 Yannie 直言：「由於不時在 Instagram 見到豐胸廣告：不必手術，手感自然，即做即走，即時升杯……似乎簡單不過，應該安全吧！加上看到治療的前後照片，十分吸引，而且價錢又不貴，所以心動了。」社交平台的威力果然強勁，我問：「那你注射了甚麼物質？哪個牌子？甚麼地方製造？有衛生署註冊嗎？」

Yannie 無奈地答：「鄭醫生，你問這麼多問題，我怎知呢！我只記得那個廣告有提及水凝豐胸。」

原來如此，我只好接着問：「那麼負責注射的醫生是誰？你為何不找他處理呢？」Yannie 頭耷耷不敢正視我道：「那兒像是一所美容院，我經廣告的社交平台預約醫生，見他穿了醫生袍，一進房間便幫我注射，說自己打過數以千個胸……手勢無與倫比，我並沒有問他的名字呢！」她沒精打采地繼續說：「到出了事，我再找社交平台的接洽人，她說這是豐胸針的正常反應，之後再找不到她了。到該美容院找醫生，職員說他們只是借出場地，所以

沒有醫生的聯絡方法。」

我心感愕然：「披上醫生袍就是醫生嗎？你應該要查清楚他有否香港醫務委員會註冊。其實，所有注射治療都屬於醫療程序，根據衛生署規定需要由本港註冊醫生施行的，但你對自己所做的療程一無所知，又沒有單據作證，現在可以如何追究呢？」

她聽後臉色轉青了：「我有朋友自行在網上購買針劑，然後到工廠區找具經驗的專家注射面部，改善輪廓，我還以為胸部注射也差不多。」我凝重地說：「切勿輕視注射治療，當中涉及刺穿皮層，所以不論是面部、胸部或其他位置，如果處理不當，都可以引致感染發炎、造成血管栓塞、阻礙血液循環、組織壞死等併發症。這類治療需要於合規格的診所進行，並非工廠區！」

豐胸針事故多籮籮

看她的面色由青變紫，我跟她再細說豐胸針：「話說回來，胸部注射曾經盛極一時，因為不用開刀動手術，就可以達致豐胸、緊緻、改善凹陷、對稱效果，過程看似簡單，但是風險相當大。像以前使用 PAAG（Polyacrylamide Gel，聚丙烯酰胺水凝膠），質感有如啫喱，但不能被身體分解，由於事故多多，亦暗藏致癌風險，一早已被禁用了。後來運用自體脂肪或脂肪幹細胞移植，將腰腹或大腿多餘的脂肪轉移到想飽滿的乳房，用自己身體的物質看似自然不過，亦不怕排斥，這像是一石二鳥的完美方案，但由於那些脂肪本身並不屬於胸部，『移民後』脂肪細胞得不到充

足的營養供應，容易死亡，導致乳房組織鈣化、壞死、含膿的個案。十年前亦出現過胸部透明質酸、骨膠原刺激劑等物質，但所使用的份量甚多，阻礙了乳房檢查，例如乳房 X 光或超聲波，造成判斷困難，有機會延緩乳癌的診斷及治療。」

乳癌怕怕　自我檢查做到足

這位豐胸女子說：「我也聽聞過呀！所以我沒有採用這些針劑，而是選用水凝豐胸。話時話我胸部的硬塊是否乳癌呢？剛在診所接待處看到你的 Youtube 影片 *，教人如何自我檢查乳房，我會於每月月經後第 7 天，乳房沒有這麼腫脹時檢查會更準確。我有跟你說的去做，先挺直站於鏡前，裸露上身，觀察胸部形態，然後將雙手垂下再舉高，之後將雙手叉腰，看看乳房有否皮膚變化、凹凸情況、異常變形，而乳頭位置、左右是否對稱、有否分泌物等等。然後躺在 45° 的床上，用手觸摸胸部有否硬塊，以順時針方向整個乳房慢慢壓摸，腋下淋巴位置也會檢查清楚，最後還擠壓乳頭有否分泌物流出。」

_____

*《【一分鐘】預防乳癌自我檢查》影片連結：
https://www.youtube.com/shorts/E2sPoPEhgjk

我滿意地説：「你做得好好呀！你這年紀可以每月自行進行乳房檢查，如有任何異樣，當然要到醫生進行臨床觸診檢查。若到了 40 歲就可以每兩年進行一次乳房造影檢查，唯有 X 光造影才可有效發現未形成腫瘤的微鈣化點。乳房組織密度較高的女性，其 X 光影像可能不明顯，因此一般會再進行乳房超聲波掃描。當然，如果有任何乳癌的風險因素，例如遺傳、酗酒、吸煙、肥胖（BMI≥25）、初經早於 12 歲及停經晚於 55 歲、沒有生育過或第一次生育高於 35 歲、缺少運動、長期處於高度精神壓力下、作息不正常、飲食方面偏向全脂奶類或紅肉、缺乏蔬菜水果等。」

聽了一大堆醫學信息，Yannie 答道：「我知乳癌是本港女性最常見的癌症，所以我都特別關注。我除了近幾個月由於乳房問題導致精神壓力、睡眠不足外，暫時沒有其他風險因素。」

豐胸針換湯不換藥

我隨即替她進行全面胸部檢查：「事實上，決定任何豐胸療程前，一定要先做乳房檢查，以排除乳癌的可能性。剛才替你檢查過，那些腫塊並不太似乳癌，可能是注射物移了位，阻礙肌肉收縮，所以你做某些動作或呼吸時，便會疼痛；填充物料亦可能隨時間發生了變化，形成結節或生物薄膜，故此引致不適。你的情況，需要盡快安排磁力共振掃描（MRI）以確定填充物料的位置，可能需要轉介外科醫生再作處理。而根據你的描述，你所用的物質有可能是近來浮現市場的一種液態水分子豐胸針，此物質根本與之前提過的 PAAG 相類似，只是換湯不換藥，吸引消費者而已。」

Yannie 垂頭喪氣地道：「那只好如此吧！其實，我之前都試過胸部按摩、中藥豐胸，穴位針灸、豐胸膏等方法，但卻沒有成效，所以才嘗試豐胸針，沒想到會帶來如此惡果，現在後悔莫及了！」

想不到她為了雙峰已經出盡奇招：「這些方法當然不能豐胸，就算我們醫學美容使用的射頻超聲波儀器，都只能令胸部皮膚緊緻，並不能使它變大！要隆胸還是找整形外科醫生進行外科手術吧，但當然也要問清風險及考慮清楚才作決定啦。」

「平坦」也是福！

女士們愛美屬人之常情，希望胸部豐滿提高吸引力也是無可厚非，但我們要做一個精明的消費者，不要誤墮陷阱。在社交平台上的商業推廣，為了吸引顧客，通常會一面倒地描述美好的一面，避免提及潛在的風險及後遺症，所以不要盲目地相信宣傳的甜言蜜語，也不要單憑價錢便宜而盲目地作定斷。乳房象徵着由女孩變成熟女，是發育的第二性徵，也是性愛的敏感地帶，但它的主要功能是餵哺母乳，無論大或細，也可以做得到！平胸也好，大胸也好，只是每個人的身體特徵，並不是用來主宰一個人的自信或自卑。我們不要介懷胸部的大小，應該好好愛護雙乳，在乎它的健康，定期檢查更為重要，有時平凡「平坦」的人生也是福呀！

停經後
可以更精彩

停經並非女性角色的終結，而是轉機！一個個更年期後自強不息的故事，啟發女性重新思考停經對性和私密處的影響，是苦忍還是拋開過去，成功老化地展開新生活呢？女士們絕對可以自主，掌控自己的性福，找到快樂和滿足，在新階段中活得更精彩。

停 經 後 仍 需 要 性 與 愛

現代女性絕對不容小覷！Elaine 在一間奢侈時尚品牌擔任 CEO，
高職位、高薪酬、高學歷，正所謂三高並立。雖然快將 50 歲了，
但衣著入時、打扮年輕，又定期到我們診所進行醫美及修身療程，
從外觀看來像是 30 出頭的年紀，所以跟她年輕十多歲的意大利
籍模特兒男友走在一起，還匹配得很呢！

看似人生勝利組的 Elaine 早年已結過婚了，可是丈夫在她 30 歲
時因肝癌離世，剩下她和兩名年幼的兒子。那時她一邊要獨力在
外打拚事業，一邊要在家做單親媽媽，母兼父職，含辛茹苦地帶
大兩個兒子。現在兄弟倆都大學畢業了，各自當上了律師和會計
師，跟 Elaine 的外籍男友年齡相近，三人志趣相投，關係友好。
Elaine 總算是捱出頭來，終於可以享受自己的時間，過自己想過
的生活了。

這天又到了她一年一度的 Ultherapy 治療時間，忙碌的女人需要
抓緊時間，Elaine 選擇這種高性能的深度緊緻提升療程，只需一
次治療，效果可以維持一年之久！只是療程需時較長，但對於我
來說，這正正是最好的時刻，可以與病人慢慢地閒談生活的點點
滴滴。

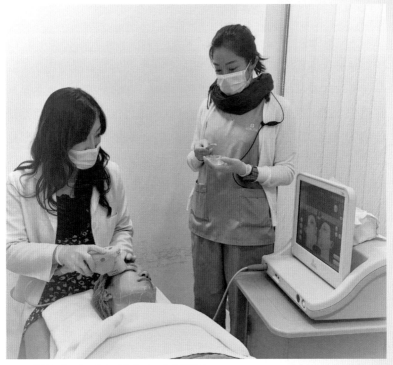

Elaine 儘管忙碌，亦要抓緊時間為自己的外觀增值。

停經後還需要性愛嗎？

Ultherapy 治療期間，細心的 Elaine 突然
問起：「前陣子，看到你們診所與香港理
工大學進行一項有關更年期的研究，需要
招募停經後並有私密困擾的女性，例如陰
部乾燥、痕癢、灼熱、小便赤痛、性交疼
痛等症狀。看到這裏我有點不解，既然已
經停經，還需要性愛嗎？沒有性愛，哪有
『性交疼痛』呢？」

更年期私密研究

185

這真是天大的誤解呀！如此高智慧的女士竟然會有這樣的想法，我一定要設法將其破解：「你誤會了，停經並不等於要停止性生活。有報告指出，性生活活躍的停經後婦女，不但症狀較少，而且陰道萎縮的情況也較少。當性交時，陰道血流量會增加，活化陰部組織，可見性行為與維持陰道彈性、柔韌性及潤滑性有着正向的關係。況且，更年期後可以保持性活躍，對於整體健康和『成功老化』（Successful Aging）來説，是極為重要的一個身體能力。」

Elaine 恍然大悟：「哎吔，我一直以為停經後，不能生育了，陰部會萎縮，喪失原有功能以至不能性交呢！我還擔心更年期後喪失性愛，漫漫長路的日子怎麼過，加上我的男友年輕力壯，性慾旺盛，有心有力，他又如何忍受呢？我也會感到枯燥乏味，生怕這段愛情應該難以維持了！」

更年期年輕化？

Elaine 得知停經後依然可以維持性與愛，不禁露出了一絲絲甜笑：「不過話時話，我的經期似乎開始有點混亂，時而幾個月沒有，時而流量大增。晚上亦有盜汗，有時還會渾身發熱，先是面部及上半身突然灼熱起來，然後蔓延至全身，大概維持 2 至 4 分鐘，伴隨着大量汗水，有時更心跳加速，之後發冷顫抖，或會感到驚恐，一日發作數次。」

我的眼看着 Ultherapy 熒光幕的超聲波影像，手在她臉上操作着治療機頭，口徐徐地回應道：「看來十居其九是臨近更年期了！

聽你的描述，跟潮熱不相伯仲，基本上八成更年期女士都有這個問題，可能會持續四至五年不定。你剛才提及的夜汗及潮熱屬於血管舒縮症狀（VMS, Vasomotor Symptoms of Menopause），還有血壓不穩定、心悸、恐慌、暈眩、耳鳴、頭脹等病徵，這些VMS 可能會引發情緒或憂鬱症狀。」

Elaine 突然想起：「怪不得我近來脾氣暴躁，心情煩躁，還頻頻失眠呢，連男友都説我難以捉摸，為此嘈吵過幾次！想不到這麼快就更年期了，是否由於我經常節食減肥，頻頻吸煙，工作壓力大而提早了？不是説香港女士平均更年期年齡為 51 歲的嗎？我是否過早停經呢？」

我認真地回答：「的確有些人會患有『早發性停經』，你只是更年期前期（Perimenopausal）吧！自然更年期（Natural Menopause）是指女性卵巢功能喪失，造成永久性月經中止並失去生育能力，排除病理或其他因素後，最後一次月事後連續 12個月或以上不再來經，就定義為自然停經。你這幾個月還有月經，只是亂了吧！」

「至於『早發性停經』是在 40 歲前卵巢功能已經衰退並出現更年期跡象，一般需要荷爾蒙測試去確認，但你已經過了這個年紀多年了。而更年期年輕化除了你所述的三大原因外，亦可能因為環境污染、家族遺傳等，有些個案是染色體異常、內分泌失調、自體免疫疾病、病毒感染、卵巢手術、化療、藥物或放射線治療等損害了卵巢功能，有時候也未必找到任何原因。」

一個叫苦連天　一個毫無症狀

Elaine 點點頭認同：「原來如此！最近與大學同學聚會談起這個話題，原來有兩位同齡的女同學，十年前已經停經了。看着她們的外觀確實有明顯的變化，面上的皮膚鬆弛了，皺紋多了，輪廓也下垂了；身型肥了，體態老了，肌肉線條也失去了。據她們所說，健康狀況亦大不如前，最近身體檢查時更發現膽固醇飆升、骨質疏鬆、關節發炎、記性差、精神難以集中等。我只是奇怪，一個話陰部又乾又痕，叫苦連天；但另一個卻毫無症狀，不知何解呢？」

看 Elaine 這麼摸不着頭腦，就讓我慢慢解釋：「提到女性更年期的跡象，大家一般會想到如 VMS 等生理、心理及行為變化，但其實私密處亦可能出現乾澀、痕癢、灼熱，以至小便赤痛、尿滲、尿頻、性交刺痛等病徵，這些生殖泌尿問題被統稱為更年期生殖泌尿症候群（GSM, Genitourinary Syndrome of Menopause）。更年期出現的身體變化，是因為停經後卵巢不再運作，體內的生殖荷爾蒙雌激素和黃體酮大幅下降所致。但並非所有女士皆會有這些症狀，需視乎其遺傳基因、耐受性，以及脂肪組織製造雌激素的能力。」

我續說：「故此，更年期過程及症狀因人而異，有些人完全沒有感受到任何症狀，已經安然度過到另一階段了；有些人可能只有其中一兩項病徵，若是更年期血管舒縮症狀 VMS，可能會隨着時間逐漸消失，不藥而癒；但大約 50% 停經後女士至少有一項

GSM 相關的症狀，這類問題基本上很難自行復原，有機會一直持續下去，甚至惡化。這也正是我們與理工大學進行此項更年期私密困擾研究的原因，希望可以為香港婦女找到一個既科學又安全的解決方案。」

GSM 需要醫嗎？

Elaine 坦然回應：「但願我屬於毫無症狀的一群！不過就算有，我也不會逆來順受的。我覺得更年期的病徵，無論是生理、心理或行為，當影響到停經後的身心健康及生活質素，就需要求醫處理，難道還要忍受嗎！」

我絕對贊同：「可惜未必每個承受更年期病徵的女士如你這樣積極面對，她們往往礙於傳統思想，通常只會默默承受！例如 GSM 的病人，只有四分一會尋求醫療協助。研究顯示，這階段的女性遇上情緒困擾亦相當普遍，可能由於荷爾蒙減少、身體變化和各種壓力，更年期婦女患上抑鬱症的風險比一般婦女多出兩倍，故千萬不要低估情緒病。」

Elaine 充滿信心地說：「我相信現今醫學昌明，科技發達，只要打開心窗，正確處理，一定有方法可以改善的。回想起來，我 14 歲左右才有初潮，那會否延遲更年期的到來呢？另外，醫學上可否檢驗出是否接近更年期呢？」

我的答案可能讓她失望了：「除非是 16 歲或以後初潮，才會令更

年期稍微推後，否則更年期的年齡與初潮沒有直接關係。一般來說，更年期是一項臨床診斷，不必額外檢驗，但若有懷疑亦可以透過以下醫學檢查去驗證，例如：

· 抽血檢測卵泡刺激素（FSH, Follicle-stimulating Hormone）水平——當多於 30ng/ml 便可能進入了更年期；

· 血液檢查亦可以排除其他問題例如懷孕、高泌乳激素血症（Hyperprolactinemia）、甲狀腺功能亢進症（Hyperthyroidism）等；

· 盆腔超聲波檢查——可以找到蛛絲馬跡，由於缺少雌激素的刺激，子宮內膜會漸漸變薄，厚度等於或小於 5 毫米；

· 進行柏氏抹片檢查（Pap Smear）時，可能發現子宮頸萎縮及開口收窄了；

· 陰道的 pH 值可能升至 5-7，較正常的 3.5-4.5 為高；

· 陰道的表皮細胞可能減少，而旁基底細胞（Parabasal cell）則可能增加等等醫學檢驗⋯⋯」

更年期不用避孕了？

Elaine 皺起眉頭說：「太深了，聽到我一頭霧水，這方面還是交給醫生你們吧！我反而想知，既然更年期代表女士不再有生育能力，又可

以繼續享受性愛，那麼就不必再避孕了，對嗎？還記得生完兩個可愛兒子後，已經心滿意足，便服用避孕丸，以免意外懷孕又可以調控經期，直至先生過世後，由於沒有固定的性伴侶，安全起見每次性交都必定會佩戴避孕套。」

她忽然變得深情地說：「如今的意大利男友，雖然比我小十多歲，但經過這些年的考驗，我們的感情總算穩固，他又與我的兩個兒子合得來，前陣子還迎來浪漫的求婚，那時我沒有立即答應，主要是憂慮停經後不能再有正常的性生活，這樣對他不太公平，也會影響兩人長遠的夫妻關係。但聽了你今天的講解後，我會盡快回覆他『I do』。如果不會懷孕，之後就無謂再用避孕套了，他得知此消息後一定歡喜若狂！」

我也為她找到人生伴侶感到高興：「Congratulations！不過慢着，你這階段還有懷孕的可能性，不如等待真正更年期後才解開束縛吧，何必急於一時，以免搞出『人命』！」Elaine 心急地追問：「那麼如果我信任他，可否立即拋開避孕套的隔膜，像從前那樣服用避孕丸呢？」

看來 Elaine 和外籍男友多年來依然打得火熱：「你已將近五十了，而且還有吸煙習慣，加上避孕藥『雙管齊下』會大大增加停經後患心血管疾病的風險，所以避孕藥並非明智之選呀，況且避孕丸亦非即食見效的！想性愛毫無阻隔，感受零距離的親密，也可以考慮子宮環，它的避孕功效能夠達至幾年以上，可待確定停經後，才將其移除也不遲。」

面部用精華　陰部用精液

雖然 Ultherapy 治療絕不好受，但 Elaine 面露悦色説：「太好了，這種長期避孕方法不必在性交前作特別準備，隨時隨地可以『行埋』，十分方便，不但可以增加情侶的親密度，我的陰道還可以享受他的精液。聽聞精液蘊含豐富營養，其中包括必要脂肪酸（EFA, Essential Fatty Acids）和性類固醇（Sexual Steroids），有助陰道組織健康。坊間流傳着『面部護理用精華，陰部保養用精液』的傳聞！」

我稱讚她道：「想不到你如此關注私密健康！精液主要由精子及精漿液組成，水約佔精漿液 90%，其他成分有脂肪、蛋白質、果糖、磷脂、膽鹼、精胺、精胺素、胺基酸、無機鹽、酵素等。基本上，精液與血漿的成分相若，這也是我們採用富含血小板血漿（PRP, Platelet-Rich Plasma）治療私密處的原因。」

見她聽得專心，我就繼續解釋：「PRP 的原理是從自己血液中分離出含豐富生長因子的血小板精華，再注入陰道。由於所導入的高濃度血小板精華，乃萃取於用者自身，故不會出現排斥反應。這技術就是將擁有豐富生長因子的 PRP，準確地注入陰部，以刺激自己身體內的細胞加速分裂繁殖出新的健康細胞，取代老化受損細胞，從而改善陰部質素。談到私密回春，你應該預防於未然，減低引致 GSM 的危險因素。」

不想更年期早到　不如及早準備好

Elaine 着緊地問：「私密 PRP 聽落好吸引，它將列入我的 To Do List。鄭醫生，你說得對，預防勝於治療，那可以如何延緩更年期呢？此外，我也要為我的私密處作好準備，GSM 又有甚麼危險因素呢？」

見她如此積極，我就好言相勸：「你平日生活忙碌，睡眠不足，缺乏運動，食無定時，工作壓力大，又煙又酒，全部都會加快更年期的到來，並增加遇上 GSM 的風險。你不如先下定決心戒煙吧，香煙已證實會減低私密處的血液循環，亦會破壞雌激素受體的功能，其他的不在話下，百害而無一利呀；而且尼古丁和酒精又會干擾月經週期，所以也要避免酗酒；其次，就是培養健康的生活模式，保持充足睡眠，減少經常捱夜，以維持正常的免疫力；也要學會保持心情愉快，學習舒緩壓力的方法，防止壓力過大影響內分泌；飲食方面，除了營養均衡外，亦要多吃新鮮蔬果，可以補充維生素和礦物質，盡量避開精製食物；同時，養成運動習慣，有助新陳代謝，增強抵抗力，才是延緩器官衰老的最佳方法。」

她聽得專注留神，忘掉了 Ultherapy 的痛楚，我便續道：「像你這樣有定期的性生活，又試過自然分娩，的確可以減低 GSM 的可能性。但如果有非更年期雌激素分泌不足（Non-menopause Hypoestrogenism）、雙側卵巢切除術（Bilateral Oophorectomy）、卵巢衰竭（Ovarian Failure）等問題，便會增加 GSM 的機會。」

Elaine 沾沾自喜地回應:「慶幸我沒有這些問題,想不到自然分娩及頻密的性交會對 GSM 有所裨益!既然更年期避無可避,我唯有作好準備,繼續享受性愛,多做成人運動,從而強化身心及陰部健康啦!勞碌了大半生,現在兒子各有成就,我也是時候進入人生的另一階段,重整工作節奏,尋找個人喜好,放慢生活步伐,相信更年期可以更精彩。」

Reference:

1. Platelets rich plasma in intimate female treatment
   https://www.longdom.org/open-access-pdfs/oshot-platelets-rich-plasma-in-intimate-female-treatment-2167-0420-1000395.pdf

2. Platelet-rich plasma administration to the lower anterior vaginal wall to improve female sexuality satisfaction
   https://www.ncbi.nlm.nih.gov/pmc/articles/PMC7090261/

3. Rejuvenation Using Platelet-rich Plasma and Lipofilling for Vaginal Atrophy and Lichen Sclerosus
   https://www.ncbi.nlm.nih.gov/pmc/articles/PMC5432469/

4. Efficacy of injecting platelet concentrate combined with hyaluronic acid for the treatment of vulvovaginal atrophy in postmenopausal women with history of breast cancer: A phase 2 pilot study
   https://www.researchgate.net/publication/325045418_Efficacy_of_injecting_platelet_concentrate_combined_with_hyaluronic_acid_for_the_treatment_of_vulvovaginal_atrophy_in_postmenopausal_women_with_history_of_breast_cancer_A_phase_2_pilot_study

5. Compare Vaginal Estrogen and Platelet-rich Plasma Over Women With Genitourinary Syndrome of Menopause

   https://classic.clinicaltrials.gov/ct2/show/NCT05483634

6. Minimal invasive procedures for the treatment of genitourinary syndrome of menopause (GSM). Un update Corresponding Author

   https://www.researchgate.net/publication/346926011_Minimal_invasive_procedures_for_the_treatment_of_genitourinary_syndrome_of_menopause_GSM_Un_update_Corresponding_Author

7. Platelet Rich Plasma in Gynecology—Discovering Undiscovered—Review

   https://www.mdpi.com/1660-4601/19/9/5284

8. A Pilot Study of the Effect of Localized Injections of Autologous Platelet Rich Plasma (PRP) for the Treatment of Female Sexual Dysfunction

   https://www.longdom.org/open-access/a-pilot-study-of-the-effect-of-localized-injections-of-autologous-platelet-rich-plasma-prp-for-the-treatment-of-female-sexual-dysfunction-2167-0420.1000169.pdf

停
經
後
可
以
更
精
彩

停經後「乾」到裂！

Fiona 就像名媛版上看到的闊太般，只是身形偏瘦削，第一次見她時便感受到那份高貴的氣質，和與別不同的修養。雖然已年屆 60 多歲，她的兩顴依然飽滿，鼻樑挺直，五官輪廓立體分明，看得出是天生的美人胚子，髮型也是刻意打理過，一身打扮由頭到腳毫不馬虎，言談間透露着她的教養，落落大方，散發出優雅的氣場。

幸福太太行房痛到「震」

從她的外表看來明顯地有着醫學美容的痕跡，只是臉上還帶有一點愁緒：「鄭醫生，我快將 70 歲了，和先生算是老夫老妻，但我們已多年沒有性生活了。最近嘗試跟他行房，感覺非常刺痛，猶如撕裂般的難受，痛到入心入肺，完全不能成事，先生見我這樣也不忍心繼續下去。為何會如此呢？偶然，我看到網上訪問你的短片《一個女人墟》，講述更年期後親熱時痛到飛起，成日要『避開』老公，情況正正跟我的相類似，我才知道原來有方法可以處理的。」

其中一集《一個女人墟》講述一位女士在更年期後，親熱時痛到飛起，經常為此避開老公。

Fiona 一直生活無憂，家境富裕，家中數個傭人，出入有司機接送。畢業後迅即結婚，婚後並沒有踏足職場，全心全意照顧家庭。不久，順利地誕下了一對孖仔，二人可說是高富帥的代表，兄弟倆感情深厚，而且懂事孝順，從來不用媽媽憂心。至於先生，結婚至今對她呵護備至，包容體諒，親密恩愛，Fiona 可說是個幸福滿瀉的太太！

我看着她回應道：「根據你的病歷資料，你 51 歲已經停經，距離現在已經十多年了，更年期後，卵巢不再運作，體內的生殖荷爾蒙雌激素和黃體酮會大幅下降，陰部表皮變薄，黏膜和腺體萎

縮，分泌大大減低，所以性行為時好容易造成撕裂刺痛。另外，年青時陰道內的皺摺，有助性行為時陰道擴張、伸展及潤滑之用。但當體內雌激素減低時，私密處的骨膠原、彈性纖維和透明質酸含量會減少，平滑肌受損，結締組織硬化，血管分佈及血流量大減，因此陰道會失去彈性及分泌功能，而且陰道會變短變窄、陰道入口收縮，造成性交疼痛。不過，你為何會多年沒有行房呢？那現在為何又想再重拾魚水之歡呢？」

她唉了一聲，有點無奈地說：「從前我們每星期行房兩次，但停經前兩三年，親熱時早已又乾又痛，非用潤滑劑不可。不過，最主要的原因是那時家中發生巨變，大家的整副心神都投放到處理家事上，哪有心情再行房呢！經過這些年的時間，事情慢慢地消化了，我認為生活也是時候重回軌道，而『性』是夫妻生活重要的一環，所以我想重新起步。」

停經後 N 年無性有愛

說着說着，Fiona 突然眼泛淚光。原來在過去的日子，她像是由天堂跌落地獄似的，經歷了巨大的痛苦，她幽幽地說：「事情是這樣的，早幾年細孖突然患上了血癌，一家人晴天霹靂，不知如何是好，頓時墮入谷底！整理了裂開的心情後，當然是竭盡所能地去尋求治療，經過一輪化療，並進行了骨髓移植，再結合中西醫治療，嘗試了各種各樣的方案，最後還是敵不過癌魔。他辛苦地捱了好幾年，望着他被病魔折磨，還要承受治療的痛楚及副作用，我的心痛如刀割，那時幾乎日日以淚洗面，難熬之極。」

Fiona 呼出一口氣，然後繼續憶述：「前年細孖真的離開了，我們傷心欲絕。由於一對孖仔是同卵雙胞胎，兩兄弟的樣子長得一模一樣，我每次見到大孖便會立即想起細孖，浮起細孖從前的點點滴滴，雙目就不期然地流下眼淚，心情一直難以平復。」

「細孖治療期間，我已經晚晚失眠，他離世後失眠問題就更加嚴重了，差不多晚晚望天光，對所有事情都失去興趣，沒有胃口不想進食，心情極度低落，生無可戀。大孖見我如此這樣，便陪我去見精神科醫生，診斷為適應障礙症，需要服食血清素之餘，又要進行心理治療，經過一段時間才慢慢調整過來。」

年紀漸大了 妹妹也老了

聽到這裏，我只好說：「人生難料，當遇到難關時，只好積極面對，努力跨過。事情過去了，亦要懂得放下，繼續向前走，活好每一天，這應該也是逝者對生者的盼望吧！不如我們先進行私密檢查，看看陰部的情況如何。」

檢查後發現她的陰道萎縮頗為嚴重，不只變短變窄，連陰道口也縮小，陰道內壁的皺摺亦不見了。陰道毫無彈性，內腔更看不到一絲的分泌物，失去了濕潤光澤，而且非常脆弱，輕輕觸碰已經出血了。連 pH 值也飆升至 7.0，可能是停經後陰道細胞內的醣原不足，直接影響陰道內乳酸桿菌的數量，減弱了這道天然防禦屏障的作用。至於陰唇方面，皮膚顯得鬆弛，大陰唇的「皺紋」明顯，幸而陰道和尿道的開口仍被大小陰唇保護得非常穩妥，並沒有外露。

Fiona 得知情況後說:「唉!年紀大了,連妹妹也老了,想不到會變成這個模樣!鄭醫生,哪有甚麼方案呢?」

性交疼痛治療方法逐個數

她果然能勇敢面對,積極求醫,就讓我詳盡地向她解說一番吧!「針對性的治理可以有效減輕病況,改善性生活,其中包括以下數種方法:

潤滑劑及保濕劑:陰部乾涸而造成的刺痛或性功能障礙,可以使用潤滑劑舒緩痛楚及乾燥,但作用短暫。而且潤滑劑可能會破壞陰道上皮層、固有層及陰道內的微生物,並非長遠解決方案。至於乾燥,可以多做保濕,但保濕劑並不能改變私密處萎縮的情況。有些「陰道專用保濕劑」仿效陰道分泌物的成份、pH 值及滲透壓,效果較佳。

荷爾蒙藥物:如果只有生殖及泌尿病徵,甚少需要使用到口服荷爾蒙補充藥物,取而代之的是外用陰道雌激素藥膏,有助逆轉黏膜萎縮,但副作用包括陰道出血、分泌及生殖器痕癢等。而且使用起來不甚方便,並且不要於性愛前塗抹,以免影響另一半,需要日常有恆心地使用,才能發揮作用。另外,陰道雌激素藥膏亦未必能充份改善病徵,故此容易放棄遵從藥物的使用指示。

修陰機:科技日新月異,修陰儀器能有效改善陰部病徵。這些儀器的原理與面部醫美儀器相類似,以射頻為例,可以令陰部組織

升溫至 40-45°C，誘發微發炎刺激纖維母細胞製造骨膠原及彈性纖維，加速血液循環，活化私密處，增加彈性及保濕度。而激光方面，如分段式二氧化碳激光可以微創地破壞陰部的表層，令萎縮退化的黏膜重組再生，增厚活性上皮組織，故此可以解決出血現象，同時改善陰部乾燥、痕癢、小便赤痛、性交刺痛等問題。

減壓治療及心理輔導：有助改善非病理性的陰道乾燥，並舒緩情緒。」

Fiona 一聽到荷爾蒙藥物，便眉頭一皺道：「我 30 幾歲時患過乳癌，幸好早發現，手術及電療雙管齊下，並配合 10 年的乳癌荷爾蒙治療，療效良好。但自此之後，陰道變得乾涸，沒甚麼分泌，更年期後情況就更加嚴重了。我知道荷爾蒙補充劑跟乳癌有一定的關係，故此我聞『藥』而慄，不敢亂碰！至於你剛才提到的潤滑劑及保濕劑，我都已經試過，但今時今日並不奏效了。」

PRP 可以私密回春嗎？

我深表明白：「更年期前有用的方法，停經後效果未必如前了。其實，低劑量的陰道雌激素藥膏不會增加乳癌的風險，但既然你對此有所畏懼，就不必勉強自己，我們可以選用其他方案。例如陰部高濃度血小板血清 PRP 治療，從自己血液中分解出血小板精華，再注入私密處，濃縮的血小板被激活後會釋放出豐富的生長因子及細胞因子，從而刺激陰部細胞分裂分化，繁殖出新的健康細胞，取代老化受損細胞，亦有助血管生成（Angiogenesis），

從而改善萎縮的私密處，並加強陰道保濕。這種 PRP 陰部治療有前驅研究（Pilot Study）證實對於更年期私密困擾有相當的效用，但還需要更大型的隨機對照研究（Randomized Controlled Study）去證實其功效。」

私處也可以注射透明質酸嗎？

Fiona 聽得入神問：「我曾經在網上見過私處也可以注射透明質酸的，不但可以保濕，還能夠塑形，情況跟臉部差不多，真的嗎？」我微笑地答：「兩者實在是有點兒相似的，但卻有着不同的地方，例如陰道透明質酸注射，所採用的透明質酸的黏性要低，使流動性更大，才能柔軟地分佈在陰道組織內，達至吸水鎖水的作用，增加濕潤度之餘，亦能收窄陰道內腔，加強兩性生殖器官的貼合度，從而改善性生活；至於填充大陰唇的透明質酸，需要高黏性及強彈性，才能有更好的塑形效果，同時不易擴散變形，由於大陰唇兼備保護性及吸震效果，所以其作用與面部的脂肪組織有所區別。由此可見，陰部所需的透明質酸具特定性質，並非面部透明質酸所能代替的。要注意的是兩者同樣可以引致一定的風險，其中最危險的是莫過於打進血管，便會阻礙血液供應，令細胞組織壞死。」

Fiona 驚到面都變青了：「注射方面可以容後再談吧！不如先進行修陰機治療，只要可以改善陰部乾燥及性交疼痛，能夠順利親熱，我已經心滿意足了。還記得有幾次嘗試性交，最後弄至陰道出血，這樣又適合進行修陰治療嗎？」

停經後陰道出血可大可小

我隨即回答：「那麼你有否進行婦科檢查呢？停經後不正常的陰道出血可大可小呀！可以只是由於乾燥，沒有足夠潤滑，加上陰部表皮變得薄弱，性交時摩擦導致損傷撕裂，造成性交後的出血現象；但亦可以是病理性的問題，例如子宮頸病變、子宮癌、息肉等等。故此，建議你必須作檢查以排除之，可以進行盆腔超聲波掃描、抽取子宮內膜組織化驗及柏氏抹片檢查等。其實，更年期後患上子宮頸癌或子宮體癌的機會不跌反升，所以需要繼續定期進行婦科檢查以策安全。」

Fiona 低下頭細語：「我還以為停經後就不再需要進行婦科檢查了！原來是大錯特錯，可以這麼嚴重的。由於先生比我年長七八歲，如今都已經 70 多歲，性交時他的耐力明顯地大不如前了，所以見他一勃起，我便急着讓他進入，結果弄得自己痛不欲生，『血流而終』！」

性愛盛宴中的「前菜」

我驚訝地説：「即是你怕他那兒快會軟下來，所以沒有前戲，對嗎？更年期後，本來分泌已經欠奉了，又欠缺前戲的性刺激，哪會有愛液呢？陰道性交可視作性愛盛宴中的主菜（Main Course），前戲便是前菜（Appetizer）了，這絕對是盛宴中不能缺少的一部份！」

Fiona 遵從我的勸喻到婦科醫生進行全面的檢查，幸而沒甚麼大礙，只有更年期的私密萎縮問題，她敍述檢查的細節：「當時需要使用最細型號的『鴨咀鉗』，並用大量啫喱來潤滑，才能勉強放入陰道，觀察內裏狀況及取得子宮頸細胞，過程絕不好受。」

她經過三四次射頻修陰機治療後，情況改善了，分泌總算多了，平日也沒有這麼乾燥，出血問題解決了，性交不再疼痛，她複診時流露着甜蜜的笑容說：「鄭醫生，我終於成事了，可以順利享用『主菜』。如你所言，我們把『前菜』增加至 10-15 分鐘，亦添置了性感內衣及性玩具以增添情趣，慢慢讓身體消化，也享受過程，讓愛液增多了，不必使用潤滑劑也可以順暢地進入『主菜』部份，痛楚明顯減少，只是進入時陰道口有點緊，但完全可以接受的。」

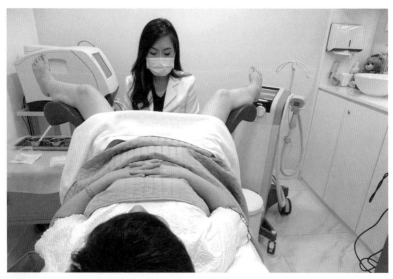

經過三四次修陰機治療後，分泌多了些，性交不再疼痛，平日也沒有這麼乾燥。

更年期後仍然可以活得精彩

我得知她的好消息也替她高興:「那就好了!先生也進步了嗎?」
她欲言又止地說:「他為了配合我們的性生活正常化,令性愛重回
軌道,他獨自到泌尿科諮詢醫生,取了些壯陽藥物,強化了那兒。
起初,我對性愛還存着恐懼,即使他還未進入,我已經感到害怕,
這也增加了我們性交的難度。多得你的心理輔導和私密治療,一
直鼓勵我多番嘗試,幫助我卸下心頭大石,私密處也回春了。」

有社區研究指出,停經後女性的性功能障礙流行率高達 68% 至
86%。無疑,性慾望會因荷爾蒙下降而減低,加上陰部萎縮所造
成的乾涸及性交刺痛,進一步破壞兩性的親密關係!不過,香港
人均壽命冠絕全球,停經後仍然漫漫長路,伴侶有性需要是正常
的。Fiona 的故事告訴我們,更年期後仍然可以活得精彩,保持
性活躍,這樣對於整體健康和成功老化來說是極為重要的一個身
體能力。她在經歷兩次人生重擊之後,依舊能夠重新站起來,勇
敢地面對生活,正視自己的老化。夫妻二人為了重投正常的性關
係,彼此能夠正面積極地努力,步伐一致,才能有如此良好的進
展,令人鼓舞,恩愛之情不言而喻。漫漫人生長路,有風平浪靜
的時候,也有風起雲湧的時刻,若能夠互相扶持,跨越每個挑戰,
衝破每個難關,感受生命中的樂與悲,可說不枉此生了。

Reference:

1. Mehta A, Bachmann G. Vulvovaginal complaints. Clin Obstet Gynecol 2008;51:549-55

2. Recommendations for the management of postmenopausal vaginal atrophy. Sturdee DW, Panay N, International Menopause Society Writing Group. Climacteric. 2010 Dec;13(6):509-22.

3. Sinha A, E wies AA. Non-hormonal topical treatment of vulvovaginal atrophy: an up-to-date overview. Climacteric 2013;16:305-12

4. Karcher C, Sadick N. Vaginal rejuvenation using energy-based devices. Int J Womens Dermatol 2016;2(3):85–8.

5. Lalji S, Lozanova P. Evaluation of the safety and efficacy of a monopolar nonablativeradiofrequency device for the improvement of vulvo-vaginal laxity and urinary incontinence. J Cosmet Dermatol 2017;16:230–4.

   https://doi.org/10.1111/jocd.12348.

6. Doaa M. Saleh MD, Rania Abdelghani MD. Clinical evaluation of autologous platelet rich plasma injection in postmenopausal vulvovaginal atrophy: A pilot study. J Cosmet Dermatol. 2022;21:4490–4502

7. Minimal invasive procedures for the treatment of genitourinary syndrome of menopause (GSM). Un update Corresponding Author

   https://www.researchgate.net/publication/346926011_Minimal_invasive_procedures_for_the_treatment_of_genitourinary_syndrome_of_menopause_GSM_Un_update_Corresponding_Author

8. S. Salvatore , R. E. Nappi, M. Parma , R. Chionna, F. Lagona , N. Zerbinati, S. Ferrero, M. Origoni, M. Candiani and U. Leone Roberti Maggiore. Sexual function after fractional microablative CO_2 laser in women with vulvovaginal atrophy. CLIMACTERIC 2015;18:219–225

停
經
後
可
以
更
精
彩

白白忍受「十年之癢」

早前與一位相識多年的好友 Stella 茶敍，Stella 本身是一位傑出的時尚職業女性，可稱得上是公關達人。她自設公關公司，凡事親力親為，統籌過無數大型活動，現場指揮過各類大場面，極具大將之風。我正是在一個女性研討會上與她結緣，當日我被邀作嘉賓分享「女人當自強」，原來這項目就是由她的公關公司所負責，經過這次研討會，我們深感投緣，所以成為好友。由於她人緣好且人脈廣，所以我便藉着今次茶敍，跟她談起準備展開更年期私密臨床研究，主要探索修陰機能否改善香港女性停經後的私密困擾，看看她可有朋友合適是次科研。

「修陰機」VS「收陰機」

Stella 好奇反問：「我也有聽聞過『收陰機』，我知它並非我們平日收聽的『Radio』，但『收陰機』不是用來收緊產後鬆弛的陰道嗎？與更年期的私密問題有甚麼關係呢？」相信這也是不少人的疑問吧，我趁機解答一番：「其實，『修陰機』不僅用作收緊陰道，還能夠修復陰部，舒緩一連串的私密問題，例如分泌過多、分泌過少、陰部乾燥、陰唇鬆弛、私處痕癢、容易出血、性交疼痛、小便失禁等等，當然治療前需要先排除其他病因。故此，今次我們與本地大學進行相關的科學研究，就是想探究修陰機可否對更

年期後患有外陰陰道萎縮的香港女性有所貢獻。你說是否用『修』比起『收』更為貼切恰當呢？更能表達它的全面作用呢？」

私密痕癢　難以入眠

Stella 報以明瞭的微笑，即時想起了一個合適的人選：「我家中的姑姐 Mary，應該可以參與你的研究。我與她同住，疫情期間我多了時間留在家，察覺她總是坐立不安，有幾晚更無意中發現她睡不着，在浴室浸洗『滴露』。我按捺不住問她所謂何事，起初她還支吾以對，後來才知道她這十多年來，陰部經常瘙癢，困擾得很，而且越來越嚴重。特別是晚上，當夜闌人靜的時候，痕癢更難以忍耐，以致無法入眠，所以常常悶悶不樂。」

陰部痕癢令晚上難以入眠

我有點不解問：「這麼多年了，為何她不去看醫生呢？」Stella 攤攤手無奈地說：「姑姐是老一輩的人，已經七十多歲了，思想比較保守，對於這些私密話題有所忌諱，就連我她都羞於言表，哪敢走去諮詢醫生呢！她還停留於醫生是男人的想法，試問怎能跟陌生男士談這方面的事呢！她常說：『人老了如機器退化了，係咁㗎啦！』所以一直死忍，不輕易說出口。」從 Stella 口中得知，她姑姐除了受到傳統觀念的枷鎖外，也因人生經歷所致……

習慣了忍耐　默默地承受

她慢慢地憶述：「話說我這姑姐在年華正茂的時候，愛上了一個有婦之夫，並與正室同住於一屋簷下，一屋『兩妻』。正室有兒有女，但她卻無所出，不能母憑子貴，在家中地位低微，她就這樣無名無份地過了大半世。誰知『丈夫』早幾年心臟病發，突然離世，沒有留下一紙遺書，她分不到任何家產！從此她寄人籬下，家裏更無立足之地，得不到應有的尊重之外，有時還受到不友善的對待。礙於她的『二奶』身份，她一直忍辱負重，煉出了堅強的意志，強大的承受能力和抗壓能力，對於所有問題，包括陰部痕癢，已習慣了忍耐，默默地承受。」

Stella 繼續訴說：「爸爸見她這樣的處境，年紀又開始老邁，於心不忍，於是把姑姐接回來同住，方便親人照應。由於姑姐沒兒沒女，所以我自少與她的感情深厚，希望能夠保護她、照顧她，讓她過上優質的生活。」

更年期後「陰乾」痛苦

Stella 總算勸服姑姐過來諮詢，看看是否合適參與是次研究。當天面診期間，只見姑姐總是低着頭，説話緩慢，眼神有點呆滯，精神狀態不能集中，坐着時還經常「周身郁」，顯得有點不自在。

我先向姑姐了解婦科病史：「Mary，你 50 中才停經，屬於較遲更年期的一群，陰部幾時開始痕癢不適呢？」Mary 雙手緊握，帶點緊張地説：「停經初期並沒有甚麼異常，但過了數年後，『下面』就開始痕了，之後就越來越厲害…… 不過，你真的是醫生嗎？不是姑娘呀？」這時 Stella 插嘴：「姑姐，我已經跟你説過現今的女性也可以當醫生的，她是鄭醫生呀！鄭醫生，為甚麼姑姐的陰部會這麼癢呢？」

我立即「嗌起」醫生模樣，專業地解釋：「因為停經後，卵巢不再運作，體內的生殖荷爾蒙雌激素和黃體酮大幅下降，令私密處的血管分佈及血流量減少，大大影響了陰部的各種分泌量；而且陰部上皮層會變薄，水份更易蒸發流失；再者，皮層的膠原蛋白、彈性纖維及透明質酸等含量亦大減，故難以鎖着水份。因此，私密處漸漸地變得乾澀，這情況未必停經後立即發生，當陰部組織因以上各種因素而逐漸萎縮，『陰乾』便開始出現，若得不到適當的處理，久而久之會造成痕癢困擾，甚至敏感、灼熱、感染等問題。」

陰道痕癢　無分晝夜

Mary 終於抬起頭正視我：「鄭醫生，既然你也是女性，那我就直

言吧！聽你所言，我回想起 10 年前，確實是由『陰乾』開始的，漸漸地變成了痕癢難耐，赤痛非常，亦曾有黃色的分泌。剛停經後的幾年，本來沒有甚麼問題，只是有點潮熱和盜汗，沒多久已經消失了。怎料數年後，下陰的分泌減少了，越來越乾涸，直至另一半去世後，再無性事了，情況就更嚴重，不斷發痕發癢。基本上，這種『陰癢』無分晝夜，總之日痕夜痕，日間我都不敢外出，因為痕起上來，在大庭廣眾之下，怎麼好意思當街當巷搔癢呢？晚上痛苦更甚，可能沒有其他瑣事分散注意力，痕癢感覺會特別厲害，晚晚都難以入睡，大大影響睡眠質素。我本來以為它也會隨着時間慢慢好轉，怎料日復日、夜復夜，就這樣過了 10 年也沒有起色。如此私處的事，尷尬得很，實在不知如何開口！」

Stella 忽然覺醒道：「怪不得你這些年都不願出街，連一家人去飲茶你也不願參與，我們最初不明所以，還擔心你有抑鬱症呢！」

我點點頭以示明白：「研究顯示，更年期婦女患上抑鬱症的機會確實會多出 2.5 倍。我理解有不少婦女會感到難以啟齒，不過，陰部痕癢可以有各種不同的原因，我們先要排除一些可能的病理性問題，例如皮膚濕疹、神經性皮膚炎、霉菌性陰道炎、細菌性陰道炎、陰蝨、陰部疥瘡等。」

秘方止痕　越止越痕

Mary 聽到這裏，突然插嘴說：「鄭醫生，你說得沒錯，我正是覺得應該有菌，所以這麼癢，故此我自己用滴露浸泡下體，可以消

毒殺菌，起初像是有點好轉，但沒過幾天，痕癢又再重臨，而且私處變得紅腫。」

Stella 對着姑姐嬉皮笑臉地説：「虧你想到這秘方，那你如何稀釋滴露呢？」

姑姐這時一臉茫然：「滴露要稀釋嗎？我沒有啊！我想越濃烈越有效嘛，所以就直接浸了。」

Stella 嚇了一跳説：「哎吔，你從哪裏聽來的偏方，滴露不稀釋來浸泡，相信不只殺菌，也會『殺膚』啊！」

這時候我不必多言，先為 Mary 作檢查為妙。只見 Mary 的外陰發紅發腫，伴隨着淡黃色的分泌，應該有繼發性感染（Secondary Infection）。然後，我用醫生的權威向 Mary 解説：「你患了刺激性接觸性皮炎（ICD, Irritant Contact Dermatitis），可能是由於長期浸泡未經稀釋的滴露所致，而且伴有細菌感染。我會處方類固醇藥膏及口服抗生素，你必須完成整個抗生素療程，以免產生抗藥性。另外，從今以後不要再胡亂浸泡消毒液了！」

Mary 像在被老師教訓的小學生，唯唯諾諾，顯出一副難為情的樣子。Stella 為她的姑姐問：「那麼她合資格參加更年期私密研究嗎？」

萎縮性陰道炎　禍不單行

我放軟語氣説：「她的情況，要先治理好皮膚炎及細菌感染後，

再算吧！」Mary 再次提起：「我的私處雖然乾燥，但間中像是有些黃色的分泌液體，還有點異味的，是否也是細菌感染呢？」我繼續説：「初步觀察所得，應該是萎縮性陰道炎（Atrophic Vaginitis），剛才檢查時我已經取了高陰道拭子（High Vaginal Swab）去化驗，看看陰道分泌物樣本會否含有病菌。」

Stella 緊張地問：「我姑姐一向身體健康，沒甚麼病痛，為何會患上萎縮性陰道炎呢？」

我耐心地回應：「這病多見於絕經後的婦女，如剛才所説，由於卵巢的功能衰退，體內的雌激素水平逐步顯著下降，可以大減九成之多，陰道上皮細胞因而變薄、萎縮，容易造成損傷，這道物理性保護層受到破壞後，令病菌有機可乘；不僅如此，更年期後陰道內細胞的糖原含量亦減低了，使乳酸桿菌失去營養來源，故此益菌的數量大減，陰道的 pH 值上升，這道生物免疫屏障從此失守，陰道的低抗能力變低，害菌容易入侵繁殖，引致炎症。情況恰恰與你的姑姐一樣，陰道分泌物增多，伴有異味，外陰痕癢、灼熱，亦可能刺痛。有些患者甚至影響泌尿系統，出現尿頻、小便疼痛、血尿或尿失禁等症狀。」

Mary 遵從我的處方，完成了整個療程的抗生素及塗抹類固醇藥膏，並好好照顧私密處，不再亂用秘方。這天回來複診，整個人的狀態跟上一次有着天淵之別，面上展露出笑容，精神也不錯：「鄭醫生，我下面好了很多，不再發出異味和奇怪的分泌，也沒有赤痛了，只剩下乾燥和少許痕癢，晚上終於可以入睡，心情亦開朗了！」

我還未開口，Stella 已經搶着說：「這樣姑姐可以參加你的科研嗎？」

我看着 Mary 充滿盼望的眼神說：「由於她剛服用抗生素及使用類固醇藥物，根據參加條件需要等 3 個月才能參與是次研究。等待期間，不能使用相關藥物、外塗藥膏⋯⋯更重要的是，參加者需要維持正常的性生活。」

把私密處交託給你

沒想到性格保守的 Mary 爽快地說：「我的先生已逝，怎麼會有性行為呢？不用等了，我已經苦忍痕癢的煎熬 10 年了，鄭醫生你給我醫治吧！我也有點積蓄的，應該足夠支付醫療費用。」

我和 Stella 對她的回應感到有點愕然，我轉頭冷靜地回答：「既然如此，你這種更年期引致的乾燥痕癢，我們可以考慮多做保濕，有些陰部專用的保濕劑，仿效分泌物的 pH 值、滲透壓及成份，可以舒緩『陰乾』，但未必能夠解決私密處萎縮。亦可以使用低劑量的陰道雌激素藥膏，低劑量的陰道雌激素藥膏不會增加心血管風險或乳癌的機會。至於修陰儀器，有臨床研究發現可以改善更年期生殖泌尿症候群的病徵。以射頻儀器為例，能令陰部組織溫度增加到 40 至 45°C，誘發微發炎（Microinflammation）刺激纖維母細胞製造骨膠原和彈性纖維，加速血液循環，活化私密處，增加彈性和保濕度，從而減少『陰乾』、『陰癢』。當然，也可以配合陰道益生菌，以增強陰部的保護力。」

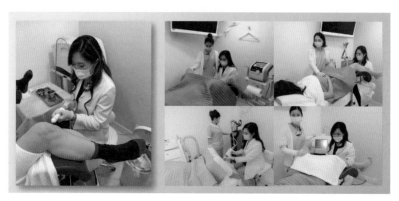

更年期生殖泌尿症候群的病徵能透過修陰機得到改善

Mary 竟然沒有抗拒修陰機治療，還對我投下信任的一票，她出乎意料地説：「鄭醫生，你為我安排吧，我願意把我的私密處交託給你！」話雖如此，我有責任把治療的過程、感覺、風險及康復期一一如實告知，並為她管理好期望。

百忍未必成「金」

這一刻 Mary 感慨地説：「我明白的，所有結果並非百分百，治療存在變數，每個人會有所不同，但我絕對會配合你的治療時間表，希望可以得到理想的效果。」她眼浮淚光有點硬咽：「我不想再忍下去了，我為了愛情忍受了大半生，過着不是味兒的生活，受盡冷言冷語，最後換來孤單一人。如果人生可以從頭來過，我應該要及早『止蝕離場』，自己有手有腳，生活總不成問題的，相信一定過得更精彩更自由……我已經白白忍受了『十年之癢』，不想再重蹈覆轍，以免將來有所後悔！」

Stella 見狀拍拍她的手，安撫姑媽道：「你又怎會孤單一人呢？你還有我們嘛，我會好好地照顧你的！過去的就由它過去吧，把它放下，如流水般漂走，長留記憶的大海中。」

一 個 人 的 性 快 樂

這天 Connie 帶着一大袋戰利品來到診所，Wing 姑娘協助她把物品放進治療室的儲物櫃裏，好奇地問：「Connie，你剛剛 shopping 完嗎？似乎收穫豐富呀！」Connie 毫無顧忌地說：「我剛去了你們診所前幾條街的一家樓上成人商店，他們來了很多新貨品，款式層出不窮，既精緻又新穎，所以不禁大手入貨。」Wing 姑娘聽後有點不知所措，直率地回應：「成人商店！買了些甚麼呢？」

性玩具眼界大開

Connie 笑咪咪地說：「當然是不同種類的性玩具，包括震動棒、陰蒂震動器、吸啜器、震蛋、乳頭刺激器、情趣內衣……」這時我剛好敲門進入治療室，忍不住立即加入話題：「Connie 應該是性玩具專家，懂得尋找自己的性快樂！」

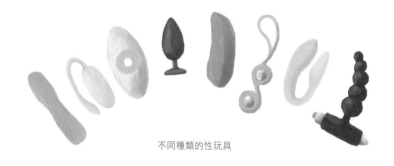

不同種類的性玩具

大家嗤一聲笑起來了，治療室充滿着一片歡樂，正所謂三個女人一個墟，應該就是這樣吧！Connie 自豪地回應：「性玩具這回事，我只有幾年經驗吧，算不上甚麼專家，但也略有點心得。性玩具即性輔助器（Sex Aid），可以提升性興奮、性滿足或性慾望等，可說是一樣巧奪天工的成人玩物！」

性玩具的神奇功效

我補充道：「除了這些作用外，合適的情趣用品可以刺激『震動受體』或『深度壓覺受體』，使血管擴張，增加性器官的血流量；對男性而言，可刺激分泌一氧化氮（Nitric Oxide），有助勃起功能，從而提升性表現；性玩具亦可以令高潮更強烈和持久，促進兩性關係。當然也有些性輔助器具治療功能的，例如縮陰球，可以用來鍛煉骨盆底肌的收縮強度。」

Connie 接着說：「現今的成人玩具，除了親身到性商店購買外，還可以在網上選購，以免尷尬，十分方便，價錢又大眾化。而且設計小巧可愛，又可當作家中擺設，我曾見過一朵優雅的桃紅色玫瑰花，原來是一個震蛋，放在桌上還以為是香薰座呢，真係估佢唔到！大部份性玩具都是用矽膠製造的，質地柔軟，只要保養得宜，清潔恰當，可以『大派用場』。我通常會用專業清潔液，用手擦洗性玩具，然後用水徹底沖洗乾淨，再用乾淨的毛巾印乾或放於空氣中風乾。之後會用性玩具消毒噴霧劑對產品進行消毒，清除表面細菌後，使用塑膠袋收藏起來，放於乾爽陰涼處保存。使用前會再清洗多一次，確保衛生。」

Wing 姑娘聽到目瞪口呆說：「原來性玩具的清潔保養有這麼多學問，我還以為用普通清潔劑和刷去擦洗就可以了，最多加上酒精消毒，就足夠衛生有餘呢，似乎我看輕了！」

Connie 以一副專家的口吻解釋：「清潔劑如沐浴液、肥皂等，一般為鹼性，會破壞成人玩具表面的油質層，造成矽膠劣化、剝落或龜裂，所以應該避免使用。清潔時盡量不要使用刷子，因為有機會擦損矽膠表面，更易暗藏細菌，甚至弄損柔嫩的陰部。酒精雖然具強力的消毒功效，但會刺激玩具，可能會損毀性玩具，故使用專業性玩具消毒劑為佳，因這種消毒劑為弱酸性，不易損害陰部 pH 值。」

情趣用品有助陰部分泌？

Wing 姑娘該獲益不淺：「我聽懂了，那麼使用時需要配合潤滑液嗎？還是它可以令陰部的分泌增加，根本不必添加潤滑劑呢？」

Connie 見 Wing 姑娘對情趣用品這麼感興趣，索性從購物袋中取出她今天的戰利品，如數家珍般逐一展示並講述使用方法：「其實，情趣用品款式種類繁多，各具功能，有插入式、有外置式；有吸啜的、有震動的；有針對陰蒂的、有刺激 G point 的、亦有乳頭用的。所以是否需要配合潤滑液使用，實在很難一概而論，亦要視乎個人喜好而定，例如有些人覺得添加了潤滑劑，滑滑溜溜的感覺可以增添性趣，但有些人卻不然。若需要潤滑劑配合，建議選用水性的，以免油性成份破壞成人玩具。我還記得當初我

正是因為分泌不足，所以到你們診所來進行私密治療的。」

對的，這已是一年前的事了！那時 Connie 已經「入伍」好幾年，體型略帶豐滿圓潤，但仍不失均勻，皮膚白皙細滑。她停經五、六年後陰部分泌減少，感到乾燥不適，所以到來求診。她憶述着：「我先生前年因癌症離世，但在這之前我們已經許多年沒有性愛了，因為他有外遇，所以關係從此變得冷淡，陰道多年被『荒廢』，以至陰道乾涸。」

無法原諒也無法離棄的丈夫

她一提起丈夫，眼中閃過一絲的憤怒和哀傷，百感交集，但瞬間又回復平靜地說：「我發現他不忠後，他並沒有浪子回頭，還一直一腳踏兩船，與第三者總是難捨難離，一拖就數年。經過一輪吵鬧、痛哭、埋怨、苦忍、漠視、冷戰，我最後亦無法原諒他，大家根本難以和好如初。我們又沒兒沒女，正考慮離婚，重過新生活之際，先生忽然傳來患癌的噩耗！」

Connie 繼續說：「最初他的大便出血，以為只是痔瘡，沒有多加理會。他一向喜歡吃燒肉，經常一斤一斤的吃，甚少進食蔬果，卻偏愛飲酒和吸煙，平日又缺乏運動，導致體型肥胖。」我搖搖頭道：「這些飲食習慣和生活模式都會增加了患腸癌的風險。」

Connie 點頭回應：「後來他大便的習慣開始有所轉變，有時便秘有時肚瀉，大便形態變得幼細，還時常感到排便不清，人也日漸

消瘦了。他心感不妥，於是找醫生檢查清楚。怎料除下褲子探肛時，已經發現他不只是痔瘡這麼簡單，竟然探到直腸有硬塊。醫生迅即安排他照大腸鏡，結果真的確診了大腸癌。」

「他那小三得知消息後，未幾便銷聲匿跡，不知所終了。我見他如此情況，總不能這樣絕情地離他而去，撒手不管吧，念在二十多年的夫妻之情，我還是心軟，留下來陪他一起抗癌，好好地照顧他。」

與癌同活　苦不堪言

「診斷後沒多久，他已經入院做手術了，結果是第二期的大腸癌，幸而沒有擴散，不需要進行化療，也不用於肚皮做造口戴『屎袋』，可以如常地生活。可是他的健康已大不如前，總是提不起勁，沒有再上班了。誰知切除後不過兩年，他的癌症竟然擴散到肝臟，那時他才 60 歲出頭，故此選擇積極地治療，進行肝臟腫瘤切除手術，就這樣切了一大半肝臟。」

我深表同情地説：「世事難料，癌細胞的微轉移（Micrometastasis）實在不易檢測得到。不過肝臟組織擁有再生能力，之後可以慢慢地再生回來的。」

Connie 幽幽地訴説着：「就這樣過了平靜的五年，癌細胞又走到肺部，這次不只是一處，也不只是一粒，而是兩邊肺葉都有腫瘤的跡象，這回想切亦切不了，只可以進行化療。經過數次化療後，

他的身體傷上加傷，化療的副作用多籮籮，又屙又嘔、食慾不振、頭髮掉了、指甲黑了、人也憔悴了，但腫瘤卻沒有縮細減少，反而擴散到頸椎骨，痛得他死去活來。多種止痛藥多管齊下，再加上嗎啡，才能勉強地控制痛楚，他最後也要接受電療止痛。」

Connie 無奈地說：「這種與癌同在的生活，真是苦不堪言。雖然我至今未能原諒他的過錯，但看著他如此痛苦，我也不忍心，心情亦絕不好受。至於我，除了要繼續上班外，每天還要到醫院兩、三趟，為他抹身、刷牙、餵食……悉心地照顧他，一盡糟糠之妻的責任，陪伴他走過這段最後的人生旅程。他可算跟癌細胞同樣的頑強，經歷過手術、化療、電療，腫瘤由大腸到肝臟，再去肺部，最後走到頸椎，他都積極面對，從不言棄。就算到了最後，他躺在靈實醫院的病床上，還是希望可以動手術去除腫瘤，繼續活下去。可惜最終也是敵不過癌症，離開了人世。」

這時 Connie 低聲地喃喃細語：「他在世時，我們早就無話可說，已不相愛；到他離世後，我又頓時感到世界靜止了、心情凝住了、消沉了。從前的日子就像一齣戲，在我腦內一幕幕地閃過：相識、結婚、外遇、吵鬧、冷戰、患癌、告別。」我安慰她說：「這齣戲已經落幕了，以前的種種也該煙消雲散吧，但你的戲份還未演完，因為你的人生還有後半集呢！」

自己的性福　自己來掌控

Connie 認同：「所以我沉鬱低落了一段短時間，很快明白到路還

是要繼續走下去的。見證着他的人生無常，我更要活好以後的每一天，享受往後的日子，所以我便開始了一個人的性快樂。」

Wing 姑娘奪口而出：「即是自瀆呀？」

Connie 毫不尷尬地直言：「亦可以稱之為自慰或手淫，是一項有益身心的活動，鄭醫生你說對嗎？」

自慰可以改善尿滲？

她倆不約而同地望向我，我不得不回應：「研究顯示，自慰可以促進荷爾蒙的分泌，包括多巴胺（Dopamine）、催產素（Oxytocin）、血清素（Serotonin）、安多酚（Endorphin）、雄性激素等，可以舒緩壓力，改善情緒，有助睡眠質素和專注力。當然亦能夠促進血液循環，強化骨盆底肌，預防漏尿，還可以舒緩慢性盆腔痛。有自慰習慣的女士，會更了解自己的生理結構，明白如何獲得性興奮和性滿足，在性愛時更容易達到高潮。」

Wing 姑娘接着說：「沒想過自瀆竟然好處多多！雖然我們亞洲人比較保守，但這樣一個人的性行為，似乎沒有甚麼道德上的顧忌，也不會妨礙他人，又可以避免感染性病，更不會懷孕，可算是一種安全性行為吧！而且當兩人的性慾強度不一時，自瀆可以不必強迫對方，又能避免出軌或召妓。一個人自由自在，隨時隨地，可以自主地控制自己的性快樂，倒不錯！」

我提醒她：「那又不能隨時隨地，應該找一個合適的地點，鎖起門戶，可以開點音樂，燃點些香薰，營造私密浪漫的隱蔽空間，享受自我的性愛時刻。不過，自慰亦不能過於頻繁，以致影響日常生活或與伴侶的親密關係，更要避免變成一種強迫性的行為，甚至病態成癮。亦要注意安全衛生，例如自慰前可以先洗澡做好清潔功夫，剪短指甲以免刮損，力度不要過大以防弄傷私密處。當然可以如 Connie 那樣，使用合適的情趣用品，以添樂趣；但若採用其他代替物品，必須衡量其安全性。」

Connie 雀躍地説：「所以呢，我只會用高品質的成人玩具，絕不會使用其他代替品的，以免弄巧反拙！記得剛開始這種性活動時，可能由於陰部荒廢已久，加上停經多年的關係，無論如何刺激一點分泌也沒有，不得不用潤滑劑。及至後來進行私密治療後，才重現正常的陰部分泌，那種回春的感覺，實在高興到難以形容。就連尿滲也有所改善，我現在才知道除了修陰機的功效外，原來跟自慰也有關係，早知應該早點開始這性運動啦。」

「鹹片」或「鹹書」是好是壞？

Wing 姑娘聽得入神，插嘴問道：「那麼你自瀆時，會否看『鹹片』或『鹹書』呢？」

這時 Connie 面上有點泛紅，不好意思地答：「説實話是有的，因為可以提升性慾，又可以滿足我的好奇心，和認識多點人體結構；更可以學習一些性愛小技巧，調劑下平淡的生活，帶來些性

刺激和性衝動；聽聞還可以增加多巴胺的分泌，跟進行性愛時產生的荷爾蒙一樣。我覺得無論單身或有伴侶，也可以間中活在這無限的想像世界中，自己滿足自己，享受自我性愛的樂趣！」

我不忘提醒她們：「話雖如此，但也要注意色情電影、成人刊物或黃色小說，當中的情節可能會誇張失實、過於激進、超越道德底線，未必全部與事實相符，我們要懂得分辨真偽，不要將它與現實混淆，對性期望過高，或模仿一些不切實際和危險性高的性技巧。也不要過份沉迷，喪失了自主能力及執行功能，變成強迫性和衝動性的行為，造成上癮，導致煩躁不安，甚至影響社交，在現實性愛中變得性冷感。」

擺脫寡婦的命運

Connie 是一個有情有義的女子，就算被背叛被出賣，困於惡劣的婚姻關係中，最後還是選擇忙忙碌碌地照顧患病的丈夫，不離不棄地陪伴左右直至先生離世。她憑着個人意志，跨過人生低潮，走出感情低谷，擺脫丈夫過世的陰霾，踏上人生的另一段路。Connie 的故事打破了老一輩對寡婦、孀婦的看法，她開明積極的態度，具現代女性自主的風範。她正面地改善陰道乾澀的更年期困擾，為展開新生活好好地裝備自己。現在無牽無掛，她更學懂愛惜自己，活出自己的人生，追尋自己的性福，因而得以享受自我滿足的快樂！

一 生 與 護 墊 為 伍

現代人越來越會保養，加上懂得打扮，外表往往比實際年齡更年輕，不過現實是身體機能總是難敵歲月，很多時需借助醫學技術才可延緩退化。記得曾有一位叫 Sandy 的女士，已有四名青少年子女，驟眼看去像三十多歲，診所姑娘為她登記個人資料時，才驚覺她的真實年齡原來已經快將「入伍」之年！只見她衣著時尚，配搭得宜，外表完全「觸犯」了《商品說明條例》，把真正年歲瞞騙了。雖然外貌比大多數同齡人年輕，但她卻比同齡人提早出現尿滲問題。

越生得多，越易尿滲

身形稍為豐盈的 Sandy 在診症室優雅地坐下，徐徐地說出她的困擾：「我 30 歲時生完第一個孩子，已察覺有滲尿的問題了，但後來又慢慢地康復，不藥而癒，直到生第二個寶貝，問題又再重現。之後就沒有好過，只是生完一個比一個嚴重。從此，我每日都要使用護墊，以防『意外』發生，造成尷尬，護墊由當初的一日換一兩片，到近年每日要換五六片。而起初的滲漏，最常出現在和仔女玩追逐或跳彈床的時候，有時笑得厲害一點、打噴嚏或咳嗽也會滲出來，近年連搬運重物時也有漏尿，我擔心情況會再惡化下去，所以來找鄭醫生你幫忙。」

我不禁好奇地問：「你經常要搬重物嗎？」她笑答：「其實我從事時裝設計的，除了做設計時坐定定外，也不時要自己搬搬抬抬大批布料或衣服，重量不輕的呢；加上我沒有請家傭，每天都要買餸又不想拖着買餸車，家裏的人又多，只是水果和瓜菜已經頗重了。」

我並沒有生活壓力　何來壓力性尿失禁？

今時今日的婦女，要拼命工作在事業上闖出一片天之餘，又要照顧家庭，家裏還有四個子女，已經沒有 helper 了，身體還要承受尿滲困擾。在這處境下，她依然要顧及個人形象，不拖買餸車，認真厲害！我向 Sandy 投以欣賞的目光：「原來如此！聽完你的病歷，診斷（Diagnosis）應該是壓力性尿失禁（SUI, Stress Urinary Incontinence）。」Sandy 眉頭一皺說：「雖然我要兼顧事業與家庭，每天忙個不停，不過我很享受這種生活，感覺充實和快樂，並沒有甚麼壓力呀！」

我被她的誤解弄得哭笑不得，向她解說：「壓力性尿失禁的『壓力』，並非指精神壓力，而是腹腔壓力。例如當打乞嗤或大笑時，腹腔內的壓力會增加，尿液因而不自主地從尿道流出，造成尿失禁。除了壓力性尿失禁外，還有急切性尿失禁、混合性尿失禁、充溢性尿失禁、功能性尿失禁等等。初期病徵只有一點點尿液滲出，弄濕內褲，患者通常不會覺得煩擾，只是護墊便能解決了，對日常生活未有造成甚麼困擾；到中期時，失禁的次數及流量會增多，可以濕透面褲及座椅，開始需要轉用衛生巾才能預防；到後期，即使輕微動作也會造成大量的尿失禁，患者需要長時間使

用成人尿片，甚至可能出現膀胱、子宮或陰道脫垂。」

Sandy 聽罷顯得有點緊張：「我記得我婆婆還在生時，正正有子宮下垂的問題，需要長期使用成人紙尿片；我媽媽也有尿失禁，雖然沒有外婆的嚴峻，但我也目擊過她幾次弄濕面褲，多年來都必須天天使用衛生巾，後來她與爸爸的感情出現問題，性生活亦因擔心中途滲尿尷尬而不太協調，最終分開了。鄭醫生，現在我的尿滲屬於哪一階段呢？嚴重嗎？」我安撫她説：「你只是初期病徵，不用這麼擔憂！只要及早處理，病情是可以得到改善的。不如你先上床讓我檢查吧！」

除了一般身體及腹部檢查外，壓力性尿失禁也要進行陰道檢查。我戴上手套，將兩根手指探進她的陰道，陰道的前三分一段，基本上有 3.5 至 4 隻手指寬度；而陰道的後三分二段，就有 4.5 至 5 隻手指寬度，明顯地她的陰道已經達致中度鬆弛。另外，她的骨盆底肌，當她出盡力緊握我的手指時，力度只有 1 度，反映骨盆底肌的肌肉強度薄弱，慶幸 Sandy 還懂得怎樣收緊，因為根據統計，約有 30% 的女性不能夠正確收縮骨盆底肌。

中度鬆弛卻不影響高潮 ?!

我將檢查結果告知 Sandy，隨後她問：「原來我的陰道已經中度鬆弛了，但性愛上我卻沒有甚麼問題，還是一如以往的快樂如常，滿足非常，只是漏尿困擾我吧！你説骨盆底肌只得一級力，是否很差呢？」

我有些詫異地回覆:「陰道鬆弛多多少少對性愛都會有點影響,因為陰道不能緊貼地包裹著陰莖,兩者間存有空隙,性交時的摩擦力減少,女方得不到性滿足,男方亦感受不到性快感,男女雙方因而難以達至高潮,除非你的另一半較為粗大,不是亞洲人。至於骨盆底的強度是採用五級分制(Five-point Scale)評分系統,分數由 0 至 5,0 分即完全感受不到肌肉收縮,而 5 分則為最強收縮力度。大多數病人只得 1 至 2 分,亦有不少 0 分的個案。由此可見,你並非最差,但仍須努力進行凱格爾運動。」

只見 Sandy 一臉甜絲絲地說:「鄭醫生,你猜對了,我先生是瑞士人,那兒的確比我以前的中國男友壯大。我在英國讀時裝設計時認識他,不久便展開戀情,後來結了婚生了孩子,我們就移居到此地。他雖然為人風度翩翩,但性格直率,我們基本上無所不談,對性愛也沒有忌諱,有時還會『賽後』分析,檢討如何下次做得更好!我們的性生活一向都很美滿。不過話說回來,他這麼粗大會否正是造成我尿滲的元兇呢?」

尿失禁成因禍不單行

為免 Sandy 對此產生不必要的誤會,我立即向她講解一番:「尿失禁的成因很多,很多時不會是單一個原因引致的。畢竟你也生了四個孩子,而且全部都是自然分娩,加上每個出生體重(Birth Weight)都超過 4 千克,算是巨大兒。不只在懷孕時會對骨盆腔的肌腱韌帶造成負荷,而且在自然分娩過程中也會由於胎兒太大,陰道會過度伸張或撕裂,因而傷及產道;生產時亦會較困難,

容易導致產程過長及難產，有時更需要輔助生產，例如使用產鉗（Forceps）或真空吸引（Vacuum），進一步造成陰道裂傷，這些產傷最後引致尿滲問題，那是不斷累積而來的。當然，隨着歲月增長，骨盆底及生殖泌尿組織也會慢慢老化，漸漸變得鬆弛；另外更年期後，由於雌激素驟降，生殖泌尿道的黏膜亦會逐漸萎縮，結締組織自然流失，失去原本的支撐作用。其他增加患壓力性尿失禁的機會，還有曾做過盆腔手術，如子宮切除，或經常便秘、長期咳嗽、體形肥胖等，這些因素都會導致骨盆底肌肉鬆弛，失去張力及強度，令尿道口控制能力減弱。」

Sandy 有點沮喪地說：「我記起了，四十多歲時曾經因為子宮肌瘤，引致經血過多而出現貧血，最後還需要入院輸血，與婦科醫生商量後決定切除子宮，怪不得自此之後滲尿問題就加劇了！飲食方面，我基本上『滴菜不沾』，又不愛吃水果，飲水又少，長時間坐着設計，創作時總以零食為伴，所以經常便秘。由於缺乏運動，中年後新陳代謝又漸降，近年的身形也不如從前了，現在我的 BMI 已超過 25 了。」

我慨嘆之餘也不忘提醒她：「既然你都知問題所在，就應該開始改變飲食習慣和生活模式了。除此之外，你平時也可以多加練習盆底肌肉運動，這運動又稱骨盆底肌肉運動或凱格爾運動，於1948 年由 Dr Arnold Kegel 所發表，主要目的就是強化盆底肌肉，並沒有一個特定的模式，許多時是按不同人士而度身訂造的一套運動。原來大家耳熟能詳的盆底肌肉並非只有一塊肌肉，乃

是由多組肌肉所組成的，橫置於恥骨與尾骨之間，形成簸箕狀。除了肌肉之外，還有韌帶、筋膜等，負責承托着盆腔內的器官，包括膀胱、尿道、陰道、子宮、直腸等，它能有效迅速阻止尿液、大便、氣體等流出，避免『意外』發生！」

盆底肌肉運動有助高潮？

我見 Sandy 聽得入神，便繼續説：「同時，盆底肌肉與性行為的性高潮亦有一定的關係！盆底肌肉之中處於深層位置的恥骨尾骨肌肉，被稱為『性愛肌』，環繞着陰道外三分之一的部份，在性高潮時它會有節奏地收縮。因此盆底肌肉的強弱，直接影響女性在性交時感覺之強弱，同樣亦會影響男方的感覺。」

Sandy 驚嘆地説：「原來盆底肌肉運動有助性愛！我也曾買過『收陰球』，用來鍛煉陰道，但只有三分鐘熱度，並無持之以恆，所以沒有甚麼成效。鄭醫生，坊間是否有其他『收陰神器』可以介紹一下呢？」

我笑答：「圓錐體置放運動（Vaginal Cone）曾經紅極一時，圓錐體組合通常有 5 個不同的重量，最輕的為 20 克，最重的為 70 克。使用時，將圓錐體放入陰道內，並在站立姿態下，維持圓錐體於陰道內 1 分鐘，隨後逐漸延長時間及增加放入圓錐體的重量，

圓錐體置放運動 (Vaginal Cone)

每日施行 2 次此運動，每次大概 15 分鐘，主要目的是來強化骨盆底，而非陰道。不過若用錯方法，有機會弄傷陰道；圓錐體必須徹底消毒，以免重複使用時造成陰道感染。」Sandy 聽了後不禁倒抽一口涼氣：「慶幸我只是沒有效果，並無導致任何損傷或感染！」

我繼續說：「其實，若是要鍛煉骨盆底肌肉，最簡單直接的方法就是學懂盆底肌肉運動！首先要找出肌肉的正確位置，以免『練錯肌肉』虛耗時間，可以在小便時嘗試暫停尿柱，此時所收縮的肌肉便是盆底肌肉了。當然，平日進行盆底肌肉運動不必在如廁時，其實何時何地都可以施行，不論躺平、坐下或站立，既不用更衣，也不會流汗，亦不必伴侶，而且完全免費！這是一項既簡單、非入侵性又無副作用的非手術性治療方法。但重點是必須每天不斷重複練習，堅持大約 3 個月效果才會彰顯，約 50% 患者可透過運動訓練改善壓力性尿失禁。主要有兩種運動，做法如下：

1. 長時間收縮運動：全個人放鬆，慢慢收縮盆底肌肉，維持 10 秒，然後放鬆 10 秒，重複約 20 下，每日 3 次。進行時要保持正常呼吸，不要忍氣。這種慢組運動有助改善壓力性尿失禁。

2. 快速收縮運動：針對急切性尿失禁及膀胱過度活躍症。當急尿時不要馬上如廁，嘗試放鬆身體立即進行此快速運動，在 1 秒內迅速強力收縮盆底肌，盡量維持 1 至 5 秒，然後放鬆 1 至 5 秒，重複做 5 至 10 下直至尿意減退或消失。每日幾次，通過神經反射的傳導，減少尿急的感覺。」

改善尿失禁

增進性高潮

一個女人墟

《一個女人墟》影片連結：
https://fb.watch/qv2Gn70ekR/

盆底肌運動隨時隨地都可以進行

並非必然　無須忍受

Sandy 有所領會地直言：「鄭醫生，你講解得非常清楚，我已立下決心要開始盆底肌運動，期望下次見你時，盆底肌的力度可以有所提升，不再停留於 1 級的層面。近幾年，我留意到多了一些醫美儀器的廣告，提及運用高能量聚焦磁場，以觸發盆底肌持續進行收縮，相信對於不懂得如何收緊盆底肌肉的女性來說是一大福音。我知道尿失禁在本地其實並不罕見，年紀越大病發的機會越高。但在中國社會裏，婦女許多時因為羞於啟齒，不懂表達，當察覺事態嚴重時，就更不知所措，只懂羞愧，生怕尷尬。久而久之，像我外婆那樣因害怕接觸人群，而不願外出，整天留在家中，以至出現抑鬱或其他心理問題。特別是老一輩習慣逆來順受，抱持着『人老了就是這樣了』的心態，而不懂如何面對處理。我來找你幫忙，就是不想步外婆和媽媽的後塵，希望及早進行修陰機治療，以改善滲尿困擾，我實在不願一生與護墊為伍！」

戴環婆婆

這天診所來了一對母女，女兒陪着七十多歲的母親走進來，為的是母親的尿失禁困擾，不想她將來要用尿片度日，便帶她來諮詢有關修陰機的治療方案。醫生諮詢時，母親一直低着頭，尷尬萬分，不敢正視，女兒皺起眉來開聲説：「媽媽的尿滲已有一段日子了，她一直只懂死忍或用『奇怪』的方法來處理，最近才被我發現她『瀨尿』！在朋友的介紹下，得知你們診所可以採用非手術的方法醫治尿滲問題，所以我特意帶媽媽前來，了解清楚⋯⋯」

此「環」不能避孕

望着這對感情要好的母女，不禁勾起了我過往一段深刻的回憶。時間回到畢業後不久的那些年，有幸在「托底診所」工作，每星期的一個下午，我被指派到專門負責「換環」的診所。每次開診前，門口通常排滿了長長的人龍，一律都是上了年紀的婆婆，大部份身形胖胖的。有些坐着輪椅，有些撐着拐杖；小部份由家傭帶來，大部份由老人院的職員或陪診員陪同，甚少看到子女或家人一同而來。這些婆婆在等待着數月一次的「換環」項目，指的當然不是避孕用的子宮環，而是為子宮下垂而設的子宮托環。

女士們也許
只知道臉部
皮膚下垂、胸
部下垂，其實人
老了，就連子宮也
抵抗不了地心吸力，
可能出現下垂現象。子
宮本來藏於盆腔內，由
盆底肌及肌腱等所承托。
但隨着年紀增長，加上以前
女人生養多，動輒七個八個孩
子絕不出奇，而且多是順產，懷
孕時胎兒壓迫導致肌肉、筋膜和相
關結構組織變得鬆弛，子宮漸漸下
垂，嚴重的會由盆腔跌出，懸垂在陰
道口，經常和內褲摩擦受損、產生炎症，
並帶來不便。

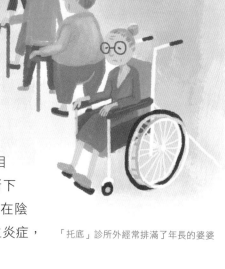

「托底」診所外經常排滿了年長的婆婆

「托底」醫生眼見人間冷暖

這困擾雖然可以開刀動手術，但對年邁又疾病纏身的婆婆們來説，
風險可不少，故此有「托底」診所的出現。我有幸成為這裏的「托
底」醫生，為這些婆婆在陰道內放置子宮托環承托下垂的子宮，
免得她們受坐立不安之苦。

這裏除了舊症複診「換環」外，每次也會有幾個新症出現。那次來了一個撐着拐杖，步伐緩慢，中央肥胖的八十多歲梅婆婆，罕有地由兒子陪着進來。例行的病歷諮詢後，得知婆婆患有心血管疾病，最後中風收場。但她堅持不坐輪椅，努力進行復康訓練，希望可以多走幾步，不必事事依靠別人。

發現下面「生嘢」！

梅婆婆苦着泡腮，一臉擔心地説：「姑娘呀，你真係好人士，剛才問了我這麼多資料，又細心，又關心我。我發現下面有腫瘤，已經有一段日子了，在陰道口。我生怕它會掉出來，所以盡量夾着大腿走路，姿態十分古怪，導致行動有點牽強，不能自如。兒子見我走路時的奇怪樣子，向我關懷問候，起初我只是支吾以對，因為實在難以啟齒。但他鍥而不捨地再三追問，我才透露下面『生嘢』，於是他便帶我到普通科門診就醫。不過姑娘呀，我想問下呢，究竟我幾時可以見醫生呀？」

站在旁邊的兒子面露尷尬之色，插嘴説：「阿媽，她就是醫生呀，你已經在看醫生了！今時今日的女士已經獨當一面，醫生不一定是男士啊！」他轉過頭來向我道歉：「鄭醫生，不好意思，老人家有眼不識泰山！」梅婆婆看似疑惑極了，自言自語地道：「點解醫生會是女仔？女仔應該是姑娘嘛！」

這也怪不得梅婆婆，我微笑回答道：「沒相干的，這情況經常發生，我已經慣了，不必介懷。」相信在婆婆的舊社會觀念中，醫生都

是男人，女人只能當護士吧！梅婆婆是由普通科門診轉介過來的，醫生診斷她患有子宮下垂，又未必合適動手術，所以轉到這兒托底診所跟進。

我跟梅婆婆解釋她的情況，她聽後立即面露笑容開心地說：「那即是並非癌症！那我不用死了！但現在行動不便，比死更難受呢！這東西初期沒有甚麼不舒服，但後來越來越重、越來越大，我還擔心是甚麼絕症，嚇得我呀，晚晚睡不安眠！接着連小便也經常排不清，要出盡全力才能排出尿來，但沒多久又尿急，尿頻情況頗為嚴重，要經常去廁所。還試過幾次尿道炎，需要服用抗生素。近幾個月，竟然嚴重到尿滲，需要使用衛生巾，既困擾又尷尬。」

我回應道：「子宮下垂導致泌尿系統問題和失禁，絕不出奇！有些病人還會排便不順、下背痛、行房困難等。主要視乎脫垂的位置和嚴重程度，症狀一般在躺下或早上較輕微，睡覺時變好，而於站着或晚上時轉差，可能受地心吸力影響所致。」

沒有子宮何來「子宮下垂」？

兒子突然出聲問：「鄭醫生，我有點不解，你説我媽媽患有子宮下垂。但據我所知，她的子宮在最後生產時，因出血過多已經切掉了，那麼這下垂的子宮從何而來呢？」

我嚴肅地答：「『子宮下垂』只是一個俗稱而已，不單單指子宮，

它的學名為骨盆底器官脫垂（POP, Pelvic Organ Prolapse），指的是盆腔內的器官，當失去支撐而脫離正常的位置，以至下墜或凸出的異常現象。根據《英國醫學期刊》（*BMJ*）的統計，在婦產科常規的檢查當中，30％至76％的婦女有某種程度的脫垂。可以依脫垂的位置分類：

1. 陰道前壁的膀胱脫垂，可以引發頻尿、急切性尿失禁、壓力性尿失禁等，嚴重時會造成尿液滯留，導致排尿困難，情況就如梅婆婆一樣。

2. 陰道後壁的直腸或小腸脫垂，常見的症狀是每次大便時，糞便可能會堆積在直腸脫垂處，難以將糞便排淨。

3. 陰道頂部的子宮脫垂或陰道穹窿脫垂，即正如梅婆婆沒有子宮，也可以有脫垂的情況。」

子宮脫垂三級制

替梅婆婆檢查後，我繼續說：「正如剛才所料，梅婆婆屬於陰道前壁的膀胱脫垂，所以導致她的一連串泌尿問題。她的嚴重程度應該是第二級，即脫垂物掉到陰道口的位置，患者在勞動、走路時，可能會有明顯的拉扯不適。她起初可能只是第一級，病況輕微，所以沒有甚麼病徵可言，只是脫垂物跌於陰道內，患者多半沒有特別感覺。若是去到第三級，就最為嚴重，脫垂物已跌出陰道口外，在平日活動時和褲子摩擦，造成損傷、潰爛發炎等。」

兒子恍然大悟道：「我還以為沒有子宮，就不會脫垂！不過，為何我媽媽會有 POP 呢？她自從多年前中風後，已經非常注重健康生活，每天都堅持做適量的運動，戒掉吸食多年的香煙，只是長期咳嗽沒有好轉，以及間中有便秘問題而已。」

肥胖、咳嗽、便秘亦會造成 POP

過往也有不少病人提出相同的疑問，我如常地解答：「POP 有多種不同的成因，其中懷孕及生產是主要的因素，特別是多次生產，產程長或生產時骨盆底肌肉或神經受到創傷，或因難產而需要使用吸盤或產鉗輔助分娩。另外，身形肥胖、長期咳嗽或便秘等，使腹腔承受較大的壓力，亦會造成 POP。至於更年期後，缺乏雌激素，也會加速組織退化，變得鬆弛，失去支撐能力。而隨着年齡增長，身體日漸老化，骨盆的支撐組織同樣會萎縮，骨盆腔肌肉喪失張力，減低韌力。像梅婆婆之前動過子宮切除的骨盆手術，一定有所影響！從表面『證供』所見，梅婆婆已十居其九地涉及各種 POP 的成因。」

我接着問梅婆婆的生產史：「梅婆婆，你生了多少個孩子？生產過程如何？除了最後切除子宮外，有否其他損傷呢？」

切掉子宮　切斷希望

梅婆婆有點不知如何應對，深呼吸了一下，壓低了聲音，緩緩地說起了她的人生故事：「醫生，我共懷了四次孕，但全部都夭折了，

以至膝下無兒無女。這個兒子並非我親生的，是買回來的！」

她呼出一口氣繼續説：「那時我正值十八年華，嫁到一戶大富之家，當二房太太，那年代富有人家有三妻四妾是平常不過的事，我這個二太太是名門正娶的，有名有份！可惜，我一直無所出，後來幾經努力終於懷上孩子。但每次臨盆生產都不順暢⋯⋯產程要多花幾倍時間，而且胎兒身形偏大，每每需要用上輔助生產工具，不是要吸出來就是要夾出來，造成產道創傷。陰道自此變得鬆弛，產後的身型也胖起來，老爺對我亦漸漸失去了性趣，但依然對我照顧有加。就是那時開始寄情煙草，養成了吸煙習慣，造成後來的肺氣腫，現在的長期咳嗽。」

「到第四個孩子出世時，由於子宮大量出血，醫生找不到出血源頭，無法止血之餘，還輸了二十多包血。最後在無可奈何之下，唯有緊急地把子宮切掉，以保住性命。就連這一絲希望也切斷了，不能再生育，亦從此斷定了我的命運！因為無一個孩子可以保得住，我不能母憑子貴，大房又人多勢眾，老爺又長時間出外經商，我再沒有甚麼地位可言了。」

梅婆婆回想起那些年的傷心往事，禁不住掉下了眼淚：「幾次難產後，我並沒有特別休養，更不用説甚麼骨盆底肌運動，根本沒有這方面的知識。我生怕被大太太指責我產後過於懶散，無中生有的説我恃寵生嬌，所以產後不久已經幫忙打點家中事務，已顧不了自己的身體了。」

一次緣來相遇　改變母子命運

梅婆婆收起了眼淚，繼續講下去：「直到有一天我照常地和傭人到菜市場買餸，看到一個三、四歲小男孩又帥氣又可愛，正被媽媽不停地打罵，小男孩扁着嘴忍着淚。我見猶憐，便上前勸說婦人別再打孩子了，這麼討人喜愛的小孩怎會打得下手呢？」

「婦人收起藤條，沒好氣地對我說：『梅太太，你這麼有愛心，家境又如此富裕，不如把孩子收歸門下，自己教養吧！』原來那家人的孩子多，丈夫又嗜賭如命，弄得一窮二白，還欠下一身債，生活艱難。」

「不知哪裏來的勇氣，我不經思量便直接回應：『我樂意收養這小寶貝，你放心把小兒子交給我吧！反正我沒兒沒女，定必將他視如己出，好好照顧，供書教學培養成才。』於是我給她一筆可觀的錢財，讓她一家生活好過些，可以解決他們眼前的困境。」

活好當下　安享晚年

站在旁邊的兒子眼見母親重提舊事，有點不好意思地說：「過去的事就讓它過去吧！你現在兒孫滿堂，既懂事又孝義，個個成家立業，各有成就，你應感到欣慰。所以最緊要活好當下，養好身體，安享晚年！」

六十多歲的兒子抓抓稀疏的頭髮說：「剛才鄭醫生提到便秘會增加腹空壓力，也是 POP 的成因之一。阿媽，你要正視便秘問題，

多吃含纖維的蔬果，及飲適量的水份，保持大便暢通，以免加劇病情。不要誤信蔬果寒涼之説，避之則吉，亦不要擔心多喝水份，會經常小便，因為這些都有助軟化大便。鄭醫生，你説對嗎？」

我點頭同意，微笑説：「梅婆婆，你真好福氣，有這樣細心的兒子！另外，你的體質量指數 BMI 超過 30，屬於中度肥胖，又有中央肥胖，不只增加心血管疾病風險，也會令 POP 惡化。我可以轉介你到營養師調整飲食，加上適量的運動，相信體重可以慢慢回復正常水平。」

餘生與「環」共存

差不多時候要講解一下治療方針：「據你現在的情況，我建議在陰道內放置子宮托環，承托起陰道壁的下垂物，方便你的日常生活。不過，子宮托環在陰道內放久了有機會發臭，或造成陰道壁潰瘍，容易感染發炎。故此，必須四個月左右定期回來這兒檢查、清洗及更換。畢竟，你已更年期幾十年，陰道黏膜早已萎縮變薄，失去彈性。可想而知，子宮托的壓力有機會弄損脆弱的陰道，所以我會給你處方荷爾蒙藥膏，用來保護陰道黏膜，希望你能按時塗抹這些雌激素藥膏。」

兒子一面擔憂地問：「似乎媽媽餘下的日子，亦只能與『環』共存了！雖然子宮托的放置過程似乎很簡單，亦非入侵性，但聽落副作用也不少。鄭醫生，有否一乾二淨的方案呢？可否選擇手術方法呢？」

我想了想回答：「梅婆婆已經 80 多歲，年紀大身子弱，不只有三高，又有肺氣腫，而且曾中風，心臟發大之餘，血含氧量也不理想，動手術的風險可不少。不過，我也可以儘管轉介她到外科，評估手術的可行性。在公立專科門診排期需要一定的時間，梅婆婆脫垂屬於第二級，不太嚴重，可以考慮先放子宮托，暫時支撐脫垂的器官，便利平日走動；同時，她可以每日自己勤力鍛煉骨盆底肌肉，盡量強化盆底肌肉的承托能力；並根據營養師的指引調整日常飲食，以減輕體重對腹腔所造成的壓力，也有助改善她的中央肥胖。若果陰道組織出現潰瘍、出血或分泌異常，可以提早回來複診，只是子宮托有礙房事而已。」

親兒不及養兒孝順

梅婆婆輕描淡寫地説：「我先生已去世了多時，性事對我來說已是大半世之前的事了！現在，我有孝順的兒孫，五代同堂，只要生活舒泰，可以弄太孫為樂，我便心滿意足了。反觀大太太雖然子女成群，但為了家產爭來鬥去，反目成仇。她反而老來沒人照顧，幾個子女互相推卸責任，將老人家當『人球』般推來讓去，每人輪流養一個月，老人家經常要搬家，最後被踢進老人院中，沒有子女探望，即使個個親生，那又如何！試問親情何在呢？」

男 人 那 話 兒

探討男性的陰莖「骨折」、勃起困難、尺寸焦慮、尿失禁
等親身議題，深入了解男士性健康的多重層面，讓女士們
更好地理解和應對男士在性愛和愛情中，可能遇到的困境
和挑戰。

性愛中驚心一啪——
陰莖「骨折」了

這天上網看到一則報道，《每日郵報》刊登了《國際外科病例報告期刊》（*IJSCR*）中一位 50 歲的男子和老婆性交時，突然聽到「啪」一聲——陰莖「骨折」的病例。說實話，不時都會在報章上看到相類似的報道，這類別的標題通常特別吸睛！而我在廿年的行醫生涯中也遇過數個案例。

以前在急症室工作的日子，每日都忙個不停，病人一個接一個，必須完成足夠的人數才可以下班。還記得那一天正在積極「追數」的時候，突然有一對男女出現於我面前，男的「揦埋口面」痛苦萬分，由一位身形有點份量的女士攙扶着徐徐地走過來。當他看到我這個女醫生，立即面帶沮喪，他心裏應該在想：已經夠尷尬了，怎麼還偏偏遇着個女醫生呢？反之，女伴卻顯然鬆一口氣，似乎女醫生讓她更容易溝通吧！

女伴快人快語地說：「剛才我們開心的時候，忽然聽到了『啪』一聲，接着他的小鳥便軟弱乏力地垂了下來，劇痛難忍，我見他的小鳥變腫、變脹、變形，而且開始變色，便立即為他敷冰，再用紗布包紮起來，還給他吃了一些消炎止痛藥，然後盡快到急症

室來了。」我望着她說：「你做得好好呀！不如先讓他除褲上床做檢查。」女士小心翼翼地扶着她的男人，上病床之際她突然說：「醫生，他剛才小便時有血尿呀，排尿時亦有點困難添！」這時男子已脫下褲子，不禁尷尬地用雙手揞臉。

陰莖沒骨骼　何來有「骨折」？

我把紗布拆開一看，陰莖已經變成了一條茄子——脹卜卜像充了氣般，顏色是瘀瘀的深紫色！輕觸之下已經痛不忍睹，我瞬即叮囑急症室護士把病者盡快送上泌尿科了。在等待入院之際，女伴十分擔憂地問：「醫生，究竟發生甚麼事？一定要入院嗎？」我嚴肅地回答：「他的陰莖骨折了，而且可能傷及尿道，屬於緊急醫療個案，所以需要即時進行緊急手術，修補撕裂了的陰莖組織。」

男士終於開聲了：「即是斷了嗎？怎會這樣呢？」我連忙回答他一連串的問題：「所謂陰莖『骨折』，只是形象化的描述，陰莖內根本沒有骨骼。陰莖內由一層白膜包着海綿體，當海綿體充血膨脹時，陰莖便會勃起變粗、變長、變硬，白膜則由平時的 2 毫米厚，被撐薄至 0.2 至 0.5 毫米左右，大約是未勃起時的四分一厚度，並失去彈性。如果陰莖受到強烈的外力衝擊時，白膜便有機會穿破、撕裂，就會發出如骨骼折斷般清脆的「啪」一聲。此時，陰莖失了充撐，會即時軟下來，血液瞬間從破裂的決口湧出，滲透至陰莖皮下，時間久了便會形成瘀血，十足一隻茄子！」

高危性愛體位　陰莖容易骨折

女伴搶着再問：「那怎樣會發生呢？」我耐心地回答：「這情況很多時發生於女上男下的性愛體位，不論女伴是向着男士還是背着，她的所有重量都壓在男伴的下體上。在過程中如果動作、力度、方向稍有不妥，陰莖受力不均勻，勃起的陰莖便容易折斷；由於這姿勢女士可以自主控制速度和力度，是掌握主導權的一方，若男伴覺得不舒服，女生未必感受得到，故此較難控制安全性；在性愛的刺激、興奮度提升的情況下，女伴可能越搖越大力，忘卻了自己的體重，令男士受傷的機會大大增加。另外，在抽插的過程中，陰莖偶爾也會滑出陰道，稍有不慎一上一落之際，在重新插入時若對不準而撞在女伴的恥骨、會陰上，就會類似打波時『篤魚蛋』，引致脆弱的白膜爆裂，這也可能發生在其他性愛姿勢上。」

女伴急不及待地說：「我們當時正正採用了女上男下的性愛體位呢，我騎在他身上，可能太激動、太興奮，當我猛力坐下時便出事了。不過我們今晚還試了很多不同的交歡姿勢，如便當式、瀑布式、湯匙式等。」男伴不停地反白眼，我接着答：「這些都是較為高風險的性愛體位，必須量力而為，否則除了陰莖骨折外，還可能傷及脊椎。相對安全的性愛姿勢，可以選擇傳統男上女下的傳教士式吧！另外，如性愛時男方用力過猛或是傾側了；甚至企圖將女伴的內褲刺穿而進入；或陰莖未有從女伴陰道內抽出就轉換體位姿勢；或因女伴的陰道太乾時用錯力；還有因為阻礙物、硬物、突如其來的外力，如猛力的自瀆或在床上轉身時壓到勃起

的陰莖等，白膜都有機會爆破，造成痛不欲生的事故！」

享受性愛的同時　如何保着命根子？

女伴聽後有點害怕的問：「醫生，聽落好似好危險！難道不親熱嗎？要如何避免陰莖受傷呢？」我慢慢地回答：「性愛是兩性關係重要的一環，當然不能避之則吉啦！切忌一下子就食『主菜』，『前菜』部份也相當重要，陰道才會有充足的潤滑；如上所述，需要注意體位的安全性；另外，不可太大力，更切勿蠻力硬來，男士千萬不要逞強。總之，男士需要斯文一點，不可粗暴；一來要呵護女性，二來也要呵護自己的命根子呢！」

男患者終於按捺不住含羞地問：「醫生，我的小鳥會好起來嗎？之後還用得到嗎？」我望着不幸的他回答：「待會手術的詳情和風險，會由泌尿科專科醫生和你講解，以我所知，如果及時做手術的話，有 90% 患者可以順利康復，能夠如常勃起及小便。只有極少數人會出現陰莖變形，難再完全挺直，側向一邊；或勃起時疼痛，造成勃起障礙；或因尿道收窄，導致小便困難。術後亦要小心護理，須按時服用抗生素及止痛藥，其間不適宜進行性為至少一個月，康復過程可能需要數月時間，絕對不可急躁。」

性愛過程其實也體現到一對情侶的節拍是否一致，當兩者有所出入時，才會造成陰莖折斷的意外；感情關係往往亦會因為兩人的方向不同，步伐有異，導致破裂收場！像這對急症室男女，從二人看醫生的態度就略知一二，男方怕醜逃避的尷尬樣子，與女方

積極進取、毫無顧忌，想將問題徹底解決的態度，可見兩人處事方式完全不同，究竟對他們的愛情是互補不足還是南轅北轍呢？

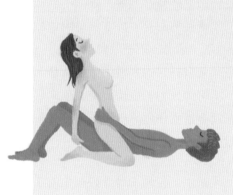

1. 女 上 男 下（Cowgirl Style）：女士全身重量都壓在男士的下體上，如動作、力度、方向稍有不妥，勃起的陰莖便容易折斷。此性愛體位，是造成陰莖骨折的最高危方式。

2. 湯 匙 式（Spooning）：女方側躺，讓伴侶從後面進行的性愛動作。因背部幾乎沒有支撐，壓力都集中在脊椎下半部，令背部承受巨大的負荷，容易使椎間盤凸出，造成腰痛。

3. 瀑布式（Waterfall）：
男生半躺使下體與頭部形成
「高低差」，可以讓雙方完
全看到彼此的肉體和結合。
與女上男下一樣，也是容易
受傷的性愛姿勢。

4. 便當式（Standing / Face
to Face）：女性雙腳纏在
男性腰間，體重全由男方承
受，對男性的腰骨及陰莖都
造成極大負擔。此姿勢要有
一定力量的男生才能應付，
而且受傷事件也時有所聞。

老夫少妻 ——
丈夫尊嚴勃不起來

「男人四十一枝花」，到了六十會否變成爛茶渣呢？「登陸」後的男士外觀上可以有着天淵之別，有些被稱作「阿叔」，有些還充滿青春活力。而今日的主角 Patrick 正正屬於後者，外表俊朗，打扮時尚，風流倜儻，看起來完全沒有 60 歲的歲月痕跡，只像 40 出頭的樣子。加上 Model 身形，品味高雅，戴上太陽眼鏡走在街上時，總是搏得不少回頭率，有時更讓人以為是哪位明星呢！不難想像，未婚的他身邊總有女伴圍繞，至「登陸」還沒有固定伴侶，也未曾計劃結婚，是一位不折不扣的鑽石王老五。

男人六十　仍一枝花

耀眼的鑽石王老五也會有衰老一天，Patrick 深明這一點，知道需要不時「打磨」一下，才能繼續發光發亮！Patrick 一直以來十分注重健康，平時除了應酬外，都會在家裏親自下廚，吃得精緻，還會每天努力做運動來保持健碩體態。他在年輕時已經着重皮膚護理，幾乎每天都會敷面膜，甚至早就開始進行醫美治療來保持皮膚狀態。Patrick 今時今日的耀目，除了得天獨厚、基因優良外，他本人還付出了不少時間和金錢！以前醫學美容仍未這麼普

遍時，Patrick 這樣一位型男在醫美診所出現，的確引來不少目光和關注，他算是走在前瞻呢。

Patrick 是我們診所的老顧客，惠顧多年了，已像老朋友般，一路走來看着他不同的人生階段變化。起初 Patrick 只是來做一些基本的保養療程，及諮詢有關皮膚護理的專業意見，並沒做任何深度的醫美治療，更不用説注射之類。

記得有一次，Patrick 發現臉上有些小點點，便隨意輕問，我檢查下發現是病毒疣，跟他説：「這些疣是皮膚病的一種，但對身體健康沒甚麼大影響，通常在免疫系統差時，會特別容易擴散開去，具傳染性，主要影響外觀。」不過，Patrick 對自己外貌極具信心，似乎對這些病毒疣不太在意：「既然它們不會構成健康問題，那就與『疣』共存吧，反正不仔細觀察其實沒多少人留意到。」

誰知半年前他來做療程時突然主動要求：「鄭醫生，我決定處理這些疣了，可以清除嗎？」為何會 180° 轉變呢？我並沒有追問，只是按照他的意思，為他全面評估疣的情況，建議治療方式，可能的風險，需要注意的事項等等。

「右腳」的雀仔　折翼難飛了

就在進行二氧化碳激光脱疣療程時，他自動吐露出去疣的緣由：「人成熟了，思想行為可能會起些變化吧，近幾年來我閒時喜歡待在家中，享受居家生活的樂趣，有時還跟着 YouTube 影片學習

烹飪技巧，提升煮食造詣。相比過去熙熙攘攘的社交生活，現在更樂在家中，感受淡泊與安寧，以為就這樣活下去，誰知我竟結識了一位和我生活態度十分相近的女友，雖然她才三十來歲，但對佛學頗有研究，正攻讀香港大學的佛學碩士，心地善良，如觀音般的仁慈，她每天都會打坐念經。看着她，我的心慢慢地平靜下來了，人也漸漸地變得踏實，相處起來輕鬆舒服，彼此心意相通，有着說不完的話題，感覺幸福快樂。」

以往 Patrick 的情感世界多姿多采，多年來他身邊的女伴美女如雲，花枝招展，年輕貌美，身材出眾，婀娜多姿。但他的這位 Mrs Right 卻走截然不同的風格，外表樸實無華，不施脂粉，皮膚白滑，自然貼地！世事就是如此難以預料，我也替 Patrick 感到高興：「你這隻『冇腳』的雀仔，似乎被她深深吸引，現在折翼難飛了！」

在完成最後一顆疣時，Patrick 終於說出了重點來：「她甚少提出甚麼要求，但有一天在閒談中，她輕柔地撫摸我的面，問這些點點是甚麼？我便直言：『醫生說是病毒疣』她有點驚嚇：『原來這就是傳聞中的疣，好似會傳染的，你為何不把它去掉呢？以免夜長夢多呀！」

他長大了　我卻老了

那次脫疣之後沒多久，Patrick 就傳來喜訊，僅僅三個月他便和 Mrs. Right 結婚了。原本二人從沒打算生兒育女，但緣份到來時

擋也擋不住，他的太太火速地意外懷孕。Patrick 老來得子，從沒感受過作為父親的心情，是如此的喜出望外，溫馨滿足，一下子由以前的風流浪子，轉變成以家庭為中心的住家男。

Patrick 一直對自己的外貌自信滿滿，即使老夫少妻相差 30 個年頭，外表看去也完全沒有違和感。不過，自從他知道將有新家庭成員加入之後，便對自己的外觀加倍關注了。這天他來進行治療時問：「聽說 Ultherapy 或 EMFACE 可以收緊鬆弛皮膚，提升輪廓，有效嗎？適合我嗎？還是打 Botox 去皺效果快些呢？」

我不禁問：「你不是抗拒這類高能量或注射治療的嗎？」他老實回應：「唉，你有所不知，雖然 BB 現在還未出世，但幾年後他長大了，而我卻老了，我擔心自己的外貌與孩子相差太遠，不想被誤以為我們是兩爺孫呢！因此，我開始考慮一些深層次的醫美治療。」

精子質素　影響寶寶？

經過詳細分析後，他最後決定接受 EMFACE 治療，同時能夠提升皮膚質素及鍛煉深層的肌肉，從底層到表層，重塑青春輪廓。我順道關心他的近況，怎料他竟不期然地唉了一聲，苦惱地說：「鄭醫生，大家相識這麼多年，也不妨跟你直說，其實我滿腦子擔憂，我外表雖然年輕，但自知 60 餘歲的身體其實很誠實，正在衰退中，整體大不如前，會否影響精子的質量？導致寶寶發育遲緩，智力低下呢？」

我向他解釋：「聽你所言，所有產前檢查都正常，而且胎兒結構性超聲波也沒有異常，你實在無須過於擔心。其實，女性自出娘胎卵巢已載有一生所需的卵子，直到青春期，卵巢便會每月釋放一粒成熟的卵子經輸卵管到達子宮，靜待與精子結合的機會。超過 35 歲的高齡產婦會被視為高危妊娠，而卵巢內的卵子可能會隨着年齡產生變化，卵子的質素也會下降，增加出現染色體異常的風險，例如唐氏綜合症。不過，你太太還很年輕呢！至於男性的精子與女性的卵子有所不同，大約每三個月就會更新一批，相比之下，不易受到年紀的影響，故此你不必憂慮，以免造成心理壓力。」

房事大不如前　無法成功進入

他聽着聽着，臉容放鬆了一點，但似乎我的解釋未能令 Patrick 完全釋懷，原來他還有另一個心結：「鄭醫生，我知道你們診所除了醫美治療外，還專注私密研究，那我就坦白與你傾訴一個尷尬的話題：不知是否年齡增長了，近來與太太行房時大不如前，感覺力不從心，缺乏了從前的威力，甚至有幾次無法成功進入呢！」

Patrick 顯得意志消沉且神情沮喪的樣子，繼續非常含蓄地說：「後來我發現，原來有些朋輩也面臨類似的情況，他們還私下分享了壯陽藥物給我，好像是『偉哥』，但卻沒有甚麼改善！還記得那天得到這些『神藥』後，一心想重振雄風，便特意安排週六晚和太太共進燭光晚餐，一同享受浪漫時刻。當晚，我還點了生蠔和紅酒，希望激發情慾。回到家就服下『神丹』立即行事，怎料仍然無法順利進入，令人大失所望，最終只是頭暈頭痛睡了！」

原來，這個問題已困擾 Patrick 好一段日子了，今天他終於鼓起勇氣向我吐露心聲：「雖然太太並非火辣型，但還算年輕，對性愛有所需求實屬正常，她見我長時間毫無舉動，有時也會按捺不住主動出擊引誘我。但由於我怕再一次失敗收場，只有硬起心腸盡量迴避。」聽到這裏我忍不住說：「她出盡渾身解數，你卻視若無睹，這樣絕對不利二人之間的關係，感情容易變得疏離，太太有不滿嗎？」

Patrick 苦笑道：「當然有啦！我們為此吵過不少次，但我實在有心無力，真是愧對於她。」Patrick 可能是患有勃起功能障礙，俗稱陽痿或不舉，指陰莖在性愛時不能或保持勃起的狀態，以達到插入式性行為（Penetrative Intercourse）。這症狀在香港的男士中絕不罕見，約有 68% 的男士有此難言之隱，多集中於 40 歲至 70 歲，而且年紀越大機會越高。

勃起功能障礙困擾 Patrick 已有一段時間

壯陽藥物　不只「偉哥」

作為醫生，我提醒 Patrick：「你這樣自行胡亂服藥，風險可大可小呀！應該要先了解問題的癥結，找出病因，對正下藥才對。況且壯陽藥也有不同種類*，未必人人合適，而你的服食方法亦不正確，以至未能發揮作用。一般的壯陽藥物應該空腹服用，以免影響藥物吸收，減低體內的藥物濃度。視乎哪款藥物，通常在性行為前 30 至 60 分鐘服食，效果可以維持數小時至數天不等。更重要的是，事前需要一定的性刺激和充足的前戲，才能令藥物發揮所長。至於你晚餐所飲的紅酒未必有助性事之餘，酒精還會使中樞神經系統變得遲鈍，令勃起更加困難重重。」

我跟他分析：「根據數據，壯陽藥有效率為 60 至 70%，即 30 至 40% 無法獲得成效，但可以嘗試服用一個月才『定案』。這些藥物屬於第五型磷酸二酯酶抑制劑（PDE-5, Phosphodiesterase Type 5 Inhibitor），作用原理是促進陰莖內血管平滑肌的放鬆，從而擴張血管，增加陰莖的血流量，充血而達到勃起的狀態。」

「馬上風」牡丹花下死

Patrick 聽罷開始擔心起來問：「講起又講，之前曾有新聞報道由於服用壯陽藥物，引致『馬上風』的死亡個案，究竟它會有甚麼副作用？」我想一想道：「你知否『偉哥』 是從何而來的嗎？最初的研發是用來改善心絞痛，豈料臨床試驗的效果不如理想，反而意外發現有助性功能，從此改變了陽痿病人的命運。至於你

所説的性猝死的死亡個案，可能是病人本身患有心臟病，正服食含硝酸鹽成份的藥物時，如脷底丸（TNG, Nitroglycerin），又同時服下壯陽藥物，因而導致血壓驟降，結果危及生命，當然也可能是出血性中風、心律不正等原因。」

「其他副作用包括頭痛、頭暈、面紅、鼻塞、燒心、視力模糊等。曾經有個案出現陰莖持續勃起超過四個小時的情況，即陰莖異常勃起（Priapism），需要立即就醫，否則有機會造成陰莖組織不可逆轉的壞死。」

Patrick 像是被嚇怕了！腦中急轉再問：「原來可以如此嚴重，貪一時之快，最後連命根子都掉了，我真是輕視了！鄭醫生，你可以給我治理嗎？」

我向他解説：「勃起功能障礙本屬於泌尿科專業領域，家庭科醫生也可以處理，不過畢竟我的診所專注醫學美容和女性私密治療，故此沒有相關的藥物，但我可以先為你檢查身體狀況，排除其他病因，再轉介你到專科醫生接受治療吧！」Patrick 連忙點頭説好。

健康生活模式　有助重振雄風

初步檢查後，發現 Patrick 的血壓偏高，上壓 150mmHg，下壓為 95mmHg，血糖正常，血脂和膽固醇也超標，至於雄激素水平、甲狀腺功能、以及相關荷爾蒙都在正常範圍內。他得知後着緊地問道：「鄭醫生，是否很嚴重呢？會否中風？我不想食藥呀！」

我也不遊花園了，直接闡述情況：「你這麼緊張，血壓有點高也不足為奇，這只是在診所單次的量度，你可以回家每天定時量度血壓兩次，並記錄兩星期的數據，再作定斷吧。與此同時，你也要調整飲食習慣，盡量少鹽少油，繼續保持適度的運動。另外，我記得你像是有吸煙的習慣，香煙會破壞血管，促使動脈硬化，加劇勃起功能障礙，應該下定決心戒掉。」

他聽後吐了一口氣，整個人放鬆了些：「為保爸爸形象，我原本亦打算戒煙的，那就從現在開始吧！飲食方面一般都是在家烹調為多，但可能是味覺敏感度開始減低了，所以煮食時越來越重手，而 Youtube 影片所推介的好味菜餚，大多是肥膩些的，今後我會選擇些健康為本的餸菜及煮法。但話說回來，為何會不舉呢？」

我答道：「按你目前的狀況，很可能是血管問題所致。其實，約八成勃起功能障礙患者是生理原因：而大部份都是心血管疾病，佔四成；此外，糖尿病人一半患有陽痿；有些藥物亦會導致不舉，例如某類血壓藥物（e.g. thiazides, β-blockers, etc）；還有脊髓損傷、多發性硬化症等神經疾病，會影響神經控制造成勃起功能障礙；其他原因如荷爾蒙問題，前列腺切除手術或其他手術都有機會引致不舉。其他的可能是心理因素所引起，需要先處理壓力、焦慮、抑鬱、疲勞或兩性關係，才能見效。」

陽痿治療　找到希望

Patrick 聽得興致勃勃，眼神期待地問道：「慶幸我並沒有以上的

問題，我會盡快搞好血壓、血脂、膽固醇及戒煙的。其實，藥物有這麼多副作用，有否其他方法解決勃起問題嗎？」

我不諱言地說：「有是有的，但一般會由一些較簡單的方法開始，第二線治療通常較不方便或具入侵性。譬如尿道藥物塞劑，將藥物塞入尿道，用來放鬆血管，增加陰莖血流量，但可想而知這治療會有一定的痛楚或輕微出血。還有真空吸引器，即陰莖泵，是借助負壓來增加血液流入陰莖。另外，也可以直接在陰莖海綿體注射藥物，效果甚為理想，達 80%，但注射有一定的痛楚，可能瘀青、產生結節、頭痛、頭暈或陰莖異常勃起等。亦可以運用衝擊波，甚至最具入侵性的人工陰莖植入手術。」

「近幾年亦使用高濃度血小板血清 PRP 治療，PRP 的原理是從自己血液中分離出含豐富生長因子的血小板精華，再將血小板精華注入陰莖海綿體，濃縮的血小板被激活後會釋放豐富的生長因子及細胞因子，從而刺激自己身體內的細胞分裂分化，修復受損細胞，令神經血管組織再生（Neurogenesis & Angiogenesis），同時減低炎症。但每個人的情況有所不同，治療前需諮詢醫生意見，並清楚了解所需的康復期、可能的風險及預期的效果。」

不舉是男士的心結，但基於尊嚴和面子，以致不少男士藥石亂投，發揮不到藥效之餘，還要承受副作用及拖延了病情，最終影響身心，實在得不償失。性生活固然重要，但健康更加重要，男士遇到私密困擾理應及早求醫，解決根本原因才是正路。

情
知
性

常見的壯陽藥物

· Viagra（威而鋼；Sildenafil）就是大家熟悉的「偉哥」，歷史最長久及最多研究的壯陽藥。需要在進行性愛的 1 至 2 小時前服用，效果可持續 4 至 6 小時。副作用包括流鼻血、彩色視覺轉變等。

· Cialis（犀利士；Tadalafil）效用持久，可達 36 小時，故若在週五服用，整個週末都可在性刺激下有效勃起。

· Levitra（樂威壯；Vardenafil）分為普通藥片和口溶藥片兩種，綽號「火燄」，效果快而強，最快可以十分鐘生效，但亦建議在性行為前 30 至 60 分鐘服用。此藥物可能會出現頭暈，因此避免進行任何需要高注意力的活動，如駕駛汽車。

· Spedra（賽倍達；Avanafil）可能是四款藥物中藥效最快的，整體副作用較同類藥物低，如頭痛、頭暈、面紅等。

邊 個 夠 我 長 ？

Macy 是一位 30 歲尾的幸福少婦，在澳洲讀書後回流香港，二十多歲就結婚，並擁有三個孩子。儘管她快將 40 歲了，總喜歡紮起兩條孖辮，穿起短裙短靴的俏皮打扮，性格直率可愛，時至今日仍然給人青春無敵的氣息，看去恍如二十多歲的年輕人，從外表根本看不出已經是三子之母！

「我曾經是一個追求名牌手袋的購物狂，每每花費大量時間和金錢去『配貨』及追逐最新的款式。無論是奢侈品牌還是流行時尚，只要是喜歡的，我就會不惜一切代價擁有它們。」Macy 過往是個迷失於名牌世界的女子，每次去逛名店，動輒花近十數萬元，還會不擇手段地搜羅限量版珍藏。

從名牌世界到愛惜自己

剖腹生了三個孩子後，Macy 升級成為母親，經歷過腰椎間盤突出症（PID, Prolapsed Intervertebral Disc）的長期疼痛折磨，慶幸手術順利，可以重過正常生活，她的價值觀自此 180° 轉變了。她不再沉醉於名牌手袋及物質世界，取而代之的是追求身體健康，每天到健身室找來私人教練進行鍛煉，積極運動，注重飲食，她發現這樣不僅可以保持身材，還有助於提升她的精神面貌。

雖然 Macy 的外觀能保持年青，但身體機能已經大不如前，不再年輕了，她慨嘆道：「始終生育過，又快到 40 歲，新陳代謝開始減慢，加上我喜歡和朋友一起飲酒作樂，享受美食生活，我的身形總是反反覆覆，依然帶點豐盈。除了身體變化外，我還留意到私密部位也有不妥呢！」

這天她躺在診所的婦科床上，讓我為她檢查。Macy 憂心忡忡地說：「鄭醫生，我的陰唇似乎有點塌陷，出現皺紋，不再飽滿，也不像從前那麼緊緻了！」

大家都在變化中成長

我安慰她說：「你畢竟生了三個孩子，私密處有些變化實屬正常。大多數女士在生育過後，都可能面臨同樣的情況，最重要的是學會欣賞和接納，並愛護自己身體的微妙變化。」經過我的檢查和評估後，確認她的陰道和陰唇只有輕微鬆弛，骨盆底肌力度不足，並沒有甚麼病徵。

我建議道：「你可以勤做骨盆底肌肉運動，以降低將來尿失禁的機會，預防陰道脫垂及增進性滿足；也可以進行透明質酸注射，以增添大陰唇的飽滿度和緊緻性；亦可以進行修陰機保養治療，以增加陰道及陰唇的膠原蛋白及彈性纖維，回復私密青春。」

Macy 考慮過後，為了鞏固私密處的健康，她決定依從我的意見進行上述的陰部修復治療。治療開始前，姑娘 Michelle 先為她除

去陰毛，其間談談説説，緩和她的緊張情緒。

陰莖的多樣性

Macy 的性經歷豐富且「國際化」，Michelle 一邊剃毛一邊問：「那麼你試過哪些國家的男士呢？他們有甚麼不同之處？」

Michelle 以過來人的經驗分享：「澳洲是一個多元種族的國家，我試過澳洲人、意大利人、英籍黑人、美國人⋯⋯從我的性愛經驗所得，不同國籍的男士展現出各種陰莖的長度、粗度和硬度，當中的差異甚大。例如黑人一般較長，但長不等於硬；而白人也長，且外觀粉嫩細緻⋯⋯」

不同國籍的男士的陰莖差異甚大

Michelle 急不及待地追問：「感受如何呢？」

Macy 毫不吝嗇地發表「性偉論」：「單純個人意見來説，長並不等於『勁』，有時過長反而會造成不適。因為當陰莖插得太入時，可能插錯方向，或碰到卵巢，造成不必要的痛楚。」

Michelle 聽後縮一縮道：「如此説來，確實『長』而無當呢！」

這時我敲門進入治療室，見她們正在討論如此有趣的話題，順道加添些意見：「明顯地長度並非決定一切！研究顯示，男性的性能力與陰莖的長度幾乎無關，而且大部份女士的性快感，也不會因為陰莖的長度而有所不同。事實上，一項對於多個種族男性進行的研究指出，男士勃起時，陰莖的平均長度介乎 12.9 至 15 厘米。不同地域的男性陰莖尺寸可能有所差異，例如南美男性平均尺寸較長，亞洲相對較短，但 2014 年美國有項研究指出，不同種族的男士勃起後可能只是 1 厘米的差距而已。」

此時二人略帶驚訝，Michelle 不解地問道：「真的嗎？那麼為甚麼男人對陰莖的長短那麼在意呢？」

Macy 搶着解釋説：「這可能因為固有的社會觀念所造成，不少人認為陰莖的長短與男性的自信和魅力有關。再者，陰莖看起來的長度亦會受其他因素影響，比如去除了陰毛或擁有纖瘦體型的男士，陰莖會視覺上顯得較長些。我想每日不同的時間、環境溫度、緊張程度、興奮刺激、體能運動等等，都會影響陰莖當時的

長短，何況誰會認真得在床上拿着間尺去量度呢！」

青春期一過　一寸也難求

Michelle 姑娘聽了嗤一聲笑了出來，繼續問：「那會是甚麼因素影響陰莖的真實長短呢？」

到我拋書包的時候，便即管簡述一下陰莖的發育歷程：「影響陰莖長短的因素多的是，其中包括基因遺傳、環境因素，以及荷爾蒙等，特別是青春期的雄激素（Androgens）水平，對陰莖的成長有莫大的決定性。成年後，即使再添加體內的雄激素，如睪丸酮，也不會對陰莖的尺寸造成甚麼變化了。其次，生長激素（Growth Hormone）和類胰島素生長因子（IGF-1, Insulin-like Growth Factor 1），對陰莖的長短也相當重要。當這些荷爾蒙在發育階段分泌不足時，可能會導致小陰莖症（Micropenis）。」

「陰莖的發育大致可以分為兩個階段，第一階段是從嬰兒時期到 5 歲左右；第二階段則是由青春期一年後開始直到 17 歲。外在的環境因素，例如文化、飲食、化學物質、環境污染等，當中殺蟲劑、抗菌劑三氯沙（Triclosan）、塑化劑、茶樹油及薰衣草油等的化學成分，有機會擾亂內分泌系統，可能對陰莖造成不同程度的形態改變。這些物質，以及外來荷爾蒙或輻射等，亦可能在懷孕期間，已經對胎兒的性器官有一定的影響了！」

小陰莖症長度不足 7 厘米

Macy 點頭表示明白:「所以我懷孕時已經非常小心了,盡量減少接觸到輻射,注意飲食健康,選用有機產品,以免危害胎兒!但沒想到竟然有小陰莖症,那是怎樣的一個病症呢?」

看着 Macy 嘴角暗笑的神情,我反一反眼説:「小陰莖症的陰莖外形正常,只是成年患者勃起後,陰莖長度不足 7 厘米。這類情況並不普遍,約 0.6% 的男士受此困擾。小陰莖症可能由於基因缺陷、過多雌激素、缺乏雄激素、荷爾蒙失調等原因所造成。若及早發現,可以通過荷爾蒙治療及手術得到矯正。」

Michelle 這時喃喃地問:「那在街上是無法分辨出來的了!如果脱下褲子,能否從未勃起前的長度推斷勃起後的長度呢?」

Macy 以專家口吻答:「從我的經驗看來,應該難以判斷的!我曾見過一些看似平凡無奇的陰莖,但勃起後卻如變魔術般長而堅挺,完全顛覆了我的預期;亦有一些看似有一定長度的陰莖,勃起後也不外如是。所以似乎兩者之間沒有必然的聯繫,不能簡單預測勃起後的變化!」

長度不代表一切

我認同Macy的觀察所得:「説實話,大家不必太在意陰莖的長短,只要足夠就可以了!其實,相比長度,粗度、硬度及持久度三大要素,反而對性愛品質更加重要。」

Macy 忍不住插話:「鄭醫生,果然有見地!試想想若陰莖的硬度不足,那又如何進入陰道呢?若陰莖的粗度不夠,那又如何與陰道親密地摩擦呢?若是持久度欠奉,那又如何令女士達到高潮呢?最後我的老公雖然是亞洲人,但他的陰莖長度,對於我這個亞洲女性的陰道來說剛剛好,只要夠粗、夠硬、夠耐,就已經可以增添性快感和滿意度了。」

揀錯避孕套　妹妹不舒服

大家言談甚歡之際,我已經不知不覺地為 Macy 完成了大陰唇的透明質酸填充,Michelle 姑娘立即拍下照片給她看看,Macy 臉上露出了滿意的笑容説:「想不到效果這麼明顯,大陰唇瞬間脹起來,變得豐盈,皺紋消失了,摸上手時,質感柔軟自然!還記得有一次,我老公試用了一款新穎的避孕套,表面有些點點凸起物的小巧設計,可以脹大陰莖體積及增加摩擦的情趣。怎知行房後不久,我的陰部便痕癢非常呢,最後要看醫生搽藥膏,才好轉過來。自此之後,我陰唇的狀態就每況愈下了,慶幸透明質酸填充,可以令它重拾青春飽滿。」

我想了想答:「你有可能對那款避孕套敏感,我曾碰過有些病人對避孕套的合成乳膠過敏,以致紅腫痕癢。亦有些避孕套含有殺精劑,以提高避孕功效,但殺精劑容易刺激皮膚。你可以先檢查清楚究竟對甚麼物質敏感,之後避免使用就是了。男性避孕套的避孕作用當然絕佳,主要防止性交時體液進入陰道、口腔或直腸,

但説到性病，預防作用就不是百分之百了！ 特別是一些不經體液傳播的性病，如性病濕疣、疱疹、陰蝨等。」

「雖然大部份避孕套已含潤滑劑，但也有不少人喜歡添加額外的潤滑劑以增加潤滑作用，謹記盡量選用 Water-based 或 Silicone-based 的潤滑劑，避免 Oil-based 的，否則容易破壞避孕套的保護性。」

避孕套延長持久力？

Macy 坦言：「我有時也會使用水劑性的潤滑劑，感覺不錯，只是較易乾掉，性愛中途要再添加比較麻煩，所以後來就改用 Silicone-based 的，但又嫌它太過『跣』！不過，我覺得避孕套像是有神奇功效似的，可以延長持久力，減慢射精。」

我附和道：「你説得對，有些男士戴了避孕套後會降低陰莖的感覺，少了性刺激，就不會那麼快射精了，提升性交耐力。但避孕套亦有機會減低性興奮度，令敏感度下降，陰莖容易變軟。」

Michelle 驚訝地説：「想不到避孕套也有這麼多的學問，我還以為懂得如何使用已經足夠了！我知道要選擇合適陰莖的尺寸，檢查過期日及包裝的完整性，取出避孕套後先壓走它頂端的小氣泡，才慢慢套入已勃起的陰莖上。另外，亦要留意用完後取出時，必需緊握避孕套的開口，連同陰莖一起從陰道抽出來，以免陰莖開始回軟時漏出精子，造成意外。」

我鼓勵她說：「懂得正確使用避孕套，才可以達至 98% 的避孕成效，已經好好啦！」

包皮留或割之爭議

Michelle 聽後沾沾自喜地問：「我以前的男朋友都有包皮的，聽說不少外國人會割掉包皮的，真的嗎？有否甚麼好處呢？」

Macy 氣定神閒地回答：「與我交手的多國人中，有割過包皮的，也有沒割的，可以令陰莖看似長一些。我個人認為割除包皮後，讓清潔更方便，應該能夠減少污垢的積聚，減少異味，感覺乾淨些，陰莖也『型仔』一點。鄭醫生，你有甚麼看法呢？」

我思考了一會兒後回答：「包皮的存在與否，一向討論度高。曾有研究指出，包皮過長更易罹患陰莖癌及其他性病，而且沒有清潔妥當的話，包皮內潮濕的環境更適合細菌繁衍生殖。不過，亦有人認為保留包皮可以提高性敏感度，這是由於平日包皮能夠保護龜頭，避免直接與衣物接觸，增加性交時的強烈體驗，為性愛帶來更多的刺激，故主張保留包皮。相反切除包皮後，因為持續的摩擦，時間久了，龜頭的敏感度可能會逐漸降低，有助延遲射精，使床上的表現更持久。故此，包皮留或割要視乎個人的情況和偏好了，沒有絕對的答案，科學上尚未給出一個一致的結論。」

尋找最適合的性愛之道

性愛的世界充滿了選擇和個性化,每一個決定都是這幅性愛圖畫中的一筆,但最重要的是,找到適合你和伴侶的性愛之道。性愛是一門藝術,融合情感、溝通、技巧等多個層面,其美妙之處,在於兩人之間無法言喻的連結,而不是單純身體某部位的尺寸,是一種超越長度的連繫。在獲得性愛幸福的路途上,我們每個人都是自己的性福導師,不斷探索,尋找樂在性愛的妙法。最後我為她們提供了探索滿足性趣的七大方法,有時候小細節往往能引發巨大的變化。

1. 約定性愛時刻

正如一位性愛學家所言,將性愛加入日程表,如同約定一次約會,既可讓心情預先調適,也能精心佈置溫馨環境。預先編排的時間,不僅增加期待的情趣,更使雙方在心理上得到充份的準備。

2. 探索身體奧秘

了解彼此的生理結構,是達到性愛高潮的重要元素。女性的陰道高潮並不是每次必達的終點,陰蒂的絕妙位置往往更易引領至巔峰。

3. 多元性愛方式

除了陰莖,雙手、口腔,以至於性愛玩具,都是我們的好夥伴,能為性愛加添色彩,開啟另一番新天地。

4. 放鬆身心技巧

性愛不僅是肉體的交融，更是心靈的結合，透過按摩、冥想、瑜伽等方式，讓身心達到最佳的放鬆狀態，為愛的旅程揭開序幕。

5. 用各式潤滑劑

當自然分泌不足以滿足雙方的順滑度時，水基、矽基或油基潤滑劑的加入，能大幅降低乾燥引致的不適，提升愉悅感。

6. 不同空間體驗

誰說性愛非得在臥室裏進行？私密而隱蔽的任何地方，都可以是我們的樂園。只要能放鬆心情，任何地方都能成為愛的舞台。

7. 自我探索旅程

最後，不可忽視的是自慰，這是性愛的一部份，讓我們在獨處中發現自己的喜好，也為與伴侶的性愛中增添更多可能性。

急症室
「估佢唔到」的男病人

數數手指，原來畢業了二十多年，今年正值中大醫學院 40 週年，疫情過後是時候和老同學聚一聚。在學院的週年晚宴上，我們這一屆佔了幾圍枱，可算是人多勢眾！老同學們相聚，往往會談起醫學生時代的種種趣事，那些年的日子有苦、有甘、又有趣；之後又說起醫學生涯的點點滴滴，有出乎意料之外的小故事，又有光怪陸離的情節。當中最令我印象深刻的，就不得不提到在屯門急症室（AED, Accident & Emergency Department）培訓時的所見所聞。這些充滿知情知性的故事，往往越夜越精彩，甚麼色情爆樽男、豬骨塞肛男、椰菜花型男等等，不知怎的總是在深夜時分便會出現，為熬夜值班的醫護人員帶來無窮的「驚喜」。

那段打仗般的日子，現在依然歷歷在目，可說是見盡了急症室五花八門的奇難雜症，如雞泡魚中毒、斷骨打石膏、自殺個案、心臟衰竭、傷口縫針等等。但原來還有一些「估佢唔到」的男病人，為急症室的深宵帶來與別不同的性愛故事，在這裏與大家分享幾個難忘的經歷吧！

色情爆樽男　嚇壞小師妹

還記得那年夏天的一個晚上，剛開工不久，一名年約四十多歲的男病人走到我的面前，帶着中年發福的身軀，看到我這個女醫生，他有點尷尬，又不知所措。但急症室是按病人的先後緩急，根據籌號輪流派給醫生看診，並不能任意挑選醫生，更不能指定要看哪個性別的醫生。

發泡膠塞肛門 ?!

我看見他古怪的神情，如常地請他先坐下，但他說肛門太痛坐不得，於是我問他何時開始痛？他有些難言之隱地回答：「昨晚吃過飯盒後，不久便開始痛了，不知是否無意中吃了些飯盒的發泡膠，消化不到而塞在肛門了呢？」聽後我感到一頭霧水，一時間也不知如何回應他。只好按照程序望聞問切，展開身體檢查（Physical Examination），便着他脫下褲子上床，為他進行探肛檢查（PR Per Rectal Examination）。我先觀察肛門外部，見沒有甚麼異樣，只是有點紅紅腫腫的。接着戴上手套探進他的肛門內檢查，感覺古古怪怪的，像是有些東西拮拮刮刮的，原來他的整個肛門內全都佈滿了玻璃碎，我被嚇得慌忙抽手而出！慶幸手套完好無穿，玻璃碎並沒有刺傷我的手指，真是不幸中的大幸！

由於病人的肛門和直腸都插滿了玻璃碎，急症室也幫不了他，唯有把他收入外科病房進一步處理。早上收工時，我在便利店買了

杯咖啡提提神，剛巧遇見了接手此個案的外科醫生「張師兄」，他看似剛完成這個緊急手術不久，拖着疲累的身軀來到便利店哺哺氣。我向他打個招呼，驚嘆怎會遇到這樣離奇的人物，實在太倒霉了！結果反被他取笑：「小師妹，你太純情了，還有更意想不到的個案你未見過呢！」

肛門要「暫時封關」

我當然趁機會請教張師兄如何救助此病人，他伸一伸懶腰，耐性地解釋：「我替他動了『肛門易處』手術，先把插入肛門的玻璃碎逐片取出，確保毫無遺漏，受損的肛門要『暫時封關』，以免細菌入侵。只好將『肛門易處』，切斷連接直腸的大腸，再移至腹部，在此開一個小孔作排洩之用。病人要在腹部的肛門新位置戴上『屎袋』，直至肛門復原為止，才能再次開刀接合大腸讓肛門『重新通關』。」

我凝望着高大威猛的張師兄點點頭説：「這手術的程序不難明，最難明的是病人為何會發生這樣怪誕的事。問診時他又支吾以對，不肯從實招來，險得我替他探肛時差點出事——被玻璃碎刺傷手指。我完全看不透他肛門爆樽的動機，真奇怪！」張師兄笑笑口説：「按我的經驗推算，此病人可能有特別的性癖好，用玻璃樽放入肛門，追求肛交般的快感，結果一時不慎導致玻璃樽在肛門內爆裂，才釀成一『肛』玻璃碎及多處傷口的慘況。他應該有自知之明，對此行為感到難以啟齒，還要遇上急症室的女醫生，叫他怎樣如實道來呢？有性癖好的人大有人在，絕不稀奇呢！小師妹，當你行醫的日子長了，個案見多了，便會見怪不怪。」

遇豬骨塞肛　師妹變醒目

隔了一段日子後，晚上快要下班時，我又遇上了另一個「估佢唔到」的四十多歲男病人。他的問題也是肛門痛，亦一樣是痛得不能坐下。經過上次的經驗教訓，這一趟我的敏感度增加了，看到這樣相類似的情景，我便響起了警號！先不動聲色，亦不勉強他了，只問他何時開始痛，他也同樣給我一個「神回答」：「我晚上飲豬骨湯時，不知道是否不小心吞了豬骨，卻排不出來。結果塞在肛門口，痛到不得之了！」

豬骨迅速直達肛門？

聽後我又是摸不着頭腦，心裏咕嚕着：「為何喝湯會吞豬骨入肚呢？雖然 AED 的等候時間長，但按計算他晚飯的時間到現在只是相隔數小時而已，為何豬骨會如此迅速地直達肛門口呢？種種跡象看來，似乎太不合情理吧！」既然他無法解釋，我也懶得再詳問了，於是按照程序請他脫褲上床檢查。但這一回我學「醒目」了，不會再貿貿然為病人探肛，先找來一件肛窺器（Proctoscopy），放進他的肛門，還請來一名稱號「Mark 哥」的高級男醫生（SMO, Senior Medical Officer）在場幫忙。

結果 Mark 哥扭盡六壬，才從病人的肛門把一大塊骨頭夾出來。取「骨」過程困難重重，肛門當然也受損流血，病人雖痛，卻忍着不敢出聲。事後「Mark 哥」跟我說：「估計這病人應該有特別

的性癖好，推算是用骨頭插進肛門時，突然折斷了無法取出所致。」
我又一次開了眼界，世事無奇不有，這些古靈精怪的個案，足以拍
一輯《急症室乜都有》的節目呀！

自詡純情型男　前後繁花盛放

另一個晚上，來了一名二十多歲的型男。這位身型高大、好眉好貌、
充滿帥氣的年輕病人，帶給了姑娘們的一場騷動。結果我「有幸」
為他應診，沒想到他的病症也和肛門相關，但今次不是肛門痛，而
是「屎忽痕」。型男靦覥地説：「我的『Pat Pat』附近痕癢難耐，
並已維持了一段時日！今晚我實在受不了，難以入眠，所以特意前
來 AED，看看有否良方可以迅速止痕。」我忍不住諷刺地説：「我
想一定是痕到一個點，你才會如此緊急，深夜跑到急症室來急救的
呢！」

經過一輪問診後，他的答案吞吞吐吐的，問來問去還是得不到甚麼
結論。接着唯有了解一下他的性行為和習慣（Sex History）了，看
看有否任何蛛絲馬跡，可以有助「破案」——有時診症也像查案般，
需要有點偵探頭腦，才能從蛛絲馬跡中洞察真相，以免蒙在鼓裏！

男病人不加思索地立即回應：「我這方面很乖、很檢點的，從來無
『出去玩』。不知是否去公廁時，沾了些甚麼細菌，才導致如今的
情況？」他的言詞不盡不實，我完全找不到線索，畢竟身體是最誠
實的，還是檢查患處直接了解真相吧！

「椰菜花」燦爛盛放

「不看由自可，一看嚇死我」，一大片的「椰菜花田」呈現眼前，我看到目瞪口呆，在旁協助的護士也不禁「嘩！」了出來！就在肛門和陰莖附近，開了一朵朵燦爛盛放的「椰菜花」，「前園」和「後園」都佈滿了成熟已久的「花田」。這片花園的建成絕非一天可以完成，而是感染及發病了好一些日子；那亦未必在公廁可以輕易沾惹得到的，而是通常經過性接觸傳染得來的。如此病況，實在難以相信他是一個「很乖」的男生！

我也不轉彎抹角了，直接向他道明：「明顯地你染上了性病——濕疣，俗稱椰菜花，由人類乳頭瘤病毒所致，是性病的一種，也是皮膚傳染病。可以透過直接接觸患者外露的傷口傳播的，一般會經由性行為感染，故此也有機染上其他性病，如愛滋病、淋病、泡疹……」

雙性戀參加雜交派對

這時男生知道公廁謊言瞞不過醫生，於是從實招來：「醫生，我也實不相瞞了，我是雙性戀者，即『男又得』『女又得』那種，此性取向與生俱來，我也控制不了！我委實記不起，是從哪人哪裏得來這病的，我曾參加過雜交派對，究竟是女還是男？究竟是肛交？還是陰道交呢？不過，可以肯定的是我每次都做足安全措施，必定戴上安全套的。起初只是肛門附近輕微發癢，我以為可能清潔不足，痔瘡發作而已。怎料痕癢的範圍越來越大，連前面

的陰莖、陰囊及尿道口周圍也癢起來，後來還開始出現肉色小粒，我見不怎樣痛，就不加理會。拖下拖下，腫塊不只越來越多，還越來越大，最糟的是它影響我結識性伴侶！」

我按捺不住情緒，高聲地說：「性病疣的傳染性高，性伴侶數目越多，傳染的機會就越大！即使每次性行為戴上安全套，亦不能保護周全，它只能覆蓋部份生殖器，其他身體位置的外露傷口也可以是感染源頭，就連口交也可以導致嘴唇、口腔、舌頭或喉嚨發現尖銳形態的疣狀肉粒。另外，我要提醒你性器疣是無法根治的，只可以透過治療控制病情，復發率亦相當高，它可能會伴隨你一世！我現在可以做的是給你一些止痕藥物，需要把你轉介到社會衛生科診所，即性病科繼續跟進。」

吃着排骨炒椰菜花論病情

這晚又返通宵更，中途「放飯」補充能量時，我 order 了一盒排骨炒椰菜花，在 pantry 享用時，巧遇 Mark 哥也來進餐。Mark 哥看着我那盒用外賣發泡膠盒盛起的排骨炒椰菜花，不禁咧嘴而笑：「鄭醫生，想不到你對發泡膠、豬骨和椰菜花情有獨鍾，連日來還看不夠嗎？現在就連充電也要靠它們！」

我的臉頰頓時紅起來：「原來除了『豬骨塞肛男』外，Mark 哥也聽聞過我的其他『情色』遭遇，那相信已經傳遍急症室上下了！」

每個人都有「性癖好」？

Mark 哥安撫我說：「我們屯門急症室同事關係和睦，打成一片，有如一家人般，理所當然地分享每位同事的獨特遭遇啦！至於那兩位『肛門痛』的中年男病人和那位『屎忽痕』的型男，可能都有特別的性癖好（Sexual Preference），即對特定對象、性愛方式或性愛對象，產生與別不同的性愛偏好。其實，每個人可能或多或少有不同的性癖好，只是程度輕重之分，若是獨自享樂，不影響他人，不傷害自己，那就沒甚麼大不了！若有另一半，就必須顧及對方的感受，在雙方願意下進行，有時穿着黑色絲襪、性感內衣、拍打屁股、咬咬耳珠、角色扮演等，反而能夠增添雙方的性趣，實在無傷大雅！」

見 Mark 哥不忌諱地探討性事，我也不避忌地放膽加入此學術討論：「那麼『肛門爆樽男』和『豬骨塞肛男』，應該是對肛交有所偏愛。不知是否一時興起？或是無法控制自己？所以順手拈來玻璃樽及豬骨，以增加性快感。怎料樂極生悲，最後造成身體損傷之餘，還要尋求醫護人員的協助。他倆此種行徑不只危險，又不衛生，認真不智。時至今日，市面上的性商店有各式各樣的性玩具，必定有給肛交愛好者耍樂，設計安全恰當，那便可以避免這些意外的發生！」

「性偏離」異於恆常性愛模式

Mark 哥和應道：「不過，當性癖好行為難以自主控制，不能理性地抉擇，明知不恰當而為之，那就要小心了！這可能造成個人的痛苦，影響日常生活及人際關係，甚至觸犯法律。以我所知有些人士必須透過異於恆常性愛的模式，才能滿足其性慾，例如戀物癖、性虐癖、變童癖、摩擦癖、窺視癖、露體癖、易服癖等，這些行為屬於性偏離（Paraphilia），他們會對所偏愛的事物，反覆出現強烈的性興奮、性幻想、性衝動或性行為等。」

我好奇地問：「如此看來，那位雙性戀的型男，是否性偏離的一種呢？」

有性無愛的雜交派對

Mark 哥皺皺眉頭解釋：「同性戀曾被認為是性偏離，後來已經被

認定是人類性慾的形式之一，不應投以帶有偏見的標籤，至於雙性戀我也不太清楚。但那位型男的雜交式性行為則相當危險，參加那些有性無愛的雜交派對，不但可能感染性病，亦有損公共衛生。他們縱情於雜交活動，日子久了這種行為會變成刺激腦部快樂中樞的主要方式，從而得到快感，沉溺其中，不能從其他正常途徑和興趣獲得樂趣！我曾聽聞過有些雜交人士，為追求進一步的性刺激，性交時會使用毒品助興，最終陷入惡性循環的深淵，還對身心產生莫大的傷害。」

我一邊吃着那盒排骨炒西蘭花，一邊回應：「我覺得性偏離是一個頗為複雜的議題，不同的社會文化、歷史傳統、道德觀念、宗教背景等，可能會有所出入。以我所知，一般的『性偏離』，如果沒有造成個人顯著的困擾和後悔，也沒有牽涉嚴重暴力、侵犯人身財產或觸犯罪行，未必需要治療。不過，若涉及以上種種，或潛在傷害的性偏離，可以定義為『性偏離障礙』，就需要積極治療了。其中包括認知行為療法及藥物控制，希望幫助患者控制自身的異常性行為。」

Mark 哥給我幾下鼓掌以示讚賞：「想不到鄭醫生剛畢業不久，已有所見解，果然青出於藍！其實，性癖好或性偏離的形成，存在不同的説法，有些認為跟戀母情結心理異常所致；有些認為可能與產前神經發育相關；亦可能與童年經歷有關；或是一些沒有意識的性經驗；或成長時曾受過創傷也説不定；或曾受到重要人物的形象或大眾傳媒的影響；或在現實生活中對偶像

潛移默化；或成長階段得不到正確的性知識等。但真正的成因，至今尚未明確。」

我聽到這裏不禁有所頓悟：「看來香港教育局必須正視學生的性教育，應先從老師的培訓入手，才能引領學生踏上正常健康的性知識步伐。雖然現在小學已有性教育課程，但老師大多只集中講解青春期時的生理及心理變化，月經、夢遺及避孕等如無意外應該是必述課題，至於性愛方面的知識卻甚少開放地探討了，可能有點尷尬或連老師自己對此亦未必有深入了解，所以不知從何入手！春青期的男女對性有好奇之心，是正常不過的現象，既然在學校裏得不到性知識上的滿足，唯有外求了：有些會暗中參閱女性雜誌後幾頁的 Sex Talk；有些會偷看日本鹹片，慢慢地成了習慣，把一些煽情、誇張、變態的行為心態都『照單全收』。」

父親坐過的凳子濕濕的

還記得 2021 年，我與慈善機構「心暖心輔導中心」合力推動「私密革命」活動，希望以「不再避而不談，捍衛私密健康」的口號，提高女士們對私密健康的關注，教育大家預防勝於治療，令她們擺脫傳統謬誤，接收正確信息並正面討論私密健康。當中製作了長達九集的《一個女人墟》清談節目，我連同「心暖心輔導中心」輔導經理 Doris，以心理和生理的角度拆解私密的迷思，探討不同的個案和故事，並邀請具代表性的嘉賓主持，從患者身份，打開心扉、暢所欲言，再無話題難於啟齒……打頭炮的話題正是解構尿滲迷思。

「私密革命」之《一個女人墟》1-9 集

「瀨尿」，太好了！

在開拍之前，三位主持人閒聊幾句 warm up 一下，Doris 打開話題：「鄭醫生，我們今天主要探討女性的私密困擾，我有一個關於男士的個案也想請教一下。

最近中心接到一個十五六歲的年青人致電，話說他察覺五十多歲的父親這段時間『行唔安坐唔落』，忐忑不安，又發現他的褲襠經常濕漉漉的，後來連他坐過的凳子也是濕的，擔憂他是否患有絕症。」

父親坐過的凳子濕濕的，他會否患有絕症呢？

「他還留意到父親近來有點反常，不但足不出戶，而且鬱鬱寡歡，與母親之間雖然沒有吵架，但關係好像變得疏離。少男不懂如何跟他們開口，不知所措之際，偶然間在社交媒體看到我們的輔導熱線，便嘗試打電話來問問。我直覺他爸爸應該是有尿失禁吧，他聽後竟然興高采烈地向爸爸大呼：原來你是『瀨尿』，並非絕症，太好了！」

求「瀨尿」的心理陰影面積

嘉賓主持 Blackcat 身同感受地回應道：「他爸爸一定超級尷尬！我有尿滲都不想讓人知啊，何況是『瀨尿』呢！我記得我婆婆也有尿失禁的問題，那時她終日留在家中，不願外出；又不想使用紙尿片，擔心被人發現；又總覺得會產生一陣異味，心理壓力自然大增，缺乏安全感及失去自信，感覺焦慮之餘，自我形象也漸漸下降。現在回想起，婆婆應該是為了避免『瀨尿』的尷尬情況，所以不自覺地減少外出，當時她的生活質素嚴重受損，情況根本與長期病患者相似。」

我點點頭直言：「Blackcat 你說得對呀，有研究指出，尿失禁病者患上抑鬱症的機率往往比正常人高出 50%。其實，『瀨尿』和尿滲都是同出一轍，屬於尿失禁，即尿液不自主地從尿道流出。他父親的情況似是屬於滿溢性尿失禁（Overflow Incontinence），可能由於膀胱長期擴張，過度飽漲，久而久之因膀胱內的壓力過大，使尿液不自主地漏出。

「病因可能是神經傳導路徑損傷，就如中風，造成膀胱功能異常的神經性；也可能是膀胱肌肉無力；或是前列腺肥大、尿道狹窄、便秘等尿液出口的慢性阻塞所造成等。看來，他爸爸應該盡快就醫，檢查清楚，了解病因，及早處理問題。」

導演見我們三個女人一輪嘴說個不停，笑言：「還未開始拍攝，你們已經滔滔不絕，可見尿滲迷思並非忌諱不談，而是多麼值得

討論的題目呀！你們準備下，就可以正式開始拍攝了。」正如導演所料，節目拍攝順利，不用一小時已完成首三集的拍攝了！我隨後給了 Doris 一個泌尿科醫生的聯絡，促她勸導少男的爸爸去諮詢醫生意見，以免延誤病情。

行房「瀨尿」顏面何存

有一次電台訪問時又碰見 Doris，我順道上前關心少男父親的狀況，Doris 笑笑口説：「原來他爸爸患有嚴重的前列腺肥大（Benign Prostatic Hyperplasia, BPH）和輕度的糖尿病。由於前列腺腫大壓迫着尿道，導致尿液無法順利排出而在膀胱內聚積，即排尿不清；加上他的膀胱肌肉的收縮力減弱，所以會經常感到尿頻尿急；而糖尿病可能也促成他的尿失禁。幾經考慮，老爸後來選擇了簡單的前列腺手術，一了百了，因為單靠藥物未必能夠達到縮細前列腺的理想效果。

「此外，營養師也教他進食糖尿餐單，現在大有好轉，已經沒有『瀨尿』了！經過今次事件，父親感到兒子已經長大成人，除了懂得孝順和關懷外，還幫了老爸一大忙，使他得以正常地過活。父子如今無所不談，關係更勝從前。他還透露原來之前爸爸特意疏遠媽媽，是由於害怕行房途中突然『瀨尿』，顏面何存呢？因此逃避性生活，慶幸沒有影響婚姻關係，只是媽媽不明所以，有時會胡思亂想而已。」

我讚嘆道：「Doris 你的醫學知識果然非常豐富，應該可以取代我了！相信他父親之前應該有一段艱苦的日子，男士們的自尊心一向較強，會感到難以啟齒，在性方面亦可能因此產生障礙。再者，患有滿溢性尿失禁的病人，通常會有頻尿、尿急、排尿困難、尿流無力和排尿不乾淨的症狀，對日常生活亦會造成諸多不便。另外，尿失禁也可能引起其他併發症，如皮膚問題，因為長期受到滲出的尿液刺激，導致皮膚紅腫、痕癢，甚至起水泡、潰瘍、尿疹、濕疹或細菌感染；而尿液長時間積聚，亦會增加重複性泌尿道感染（Recurrent Urinary Tract Infection）的風險。」

「暫時性尿失禁」會復原嗎？

Doris 靦覥地回應：「鄭醫生，別說笑了，誰能代替你地位呢？我只是拍攝了幾集的《一個女人墟》，對這方面長了不少知識罷了！」她接着稍稍地走近我耳邊問：「我有些朋友……接近 50 歲了，有時候也會突然有尿液漏出，特別是飲了咖啡、濃茶、酒精飲品或氣泡飲料等，而進食甜品、巧克力、辛辣食物和酸性水果，滲尿情況也會份外明顯。她們……會否也患上尿失禁呢？」

看她有點擔憂，我安慰說：「如果滲尿並非持續性，而且與有些含利尿作用的飲食有關，可能只屬於『暫時性尿失禁』。這問題亦會因為藥物或其他疾病刺激膀胱，引致間歇性漏尿，如心臟藥物、血壓藥物、鎮靜劑或肌肉鬆弛劑等；至於醫學狀況，例如尿道感染、便秘或萎縮性陰道炎等。故此，只要適當調整生活習慣，避免攝取含類似利尿劑的飲食，注意體重控制以舒緩腹腔壓力，

多吸收纖維素以防止便秘，甚至與醫生商量改動藥物種類，尿失禁一般都可以得到緩解。」

探肛檢查 VS 陰道檢查 ?!

Doris 像是放下心頭大石：「咁都冇咁驚！」我再補充一下：「當然，若果情況沒有改善，千萬不要因羞於啟齒而延醫。在評估尿失禁個案時，醫生會先問清楚病歷資料，再作臨床身體檢查，例如男士會探肛檢查前列腺有否膨脹或硬魂；而女士則會進行陰道檢查，看看陰部有否萎縮現象及盆底肌的鬆弛程度等。亦會請患者寫下『小便日記』，記錄三天內所有飲料的份量、小便量及遺尿的詳情等。通常還會進行尿流動力學檢查（Urodynamic Study）以評估膀胱和尿道功能，需分別在尿道及肛門放入導管，以量度膀胱內的壓力，排清小便後再進行超聲波掃描膀胱內所剩餘的尿量。這樣才能準確找出尿失禁的真正原因，對症下藥！」

如何忍尿呢？

Doris 聽到有點一頭霧水，回魂來問：「這麼複雜，還是交給醫生吧！鄭醫生，不如說說與我們有切身關係的人類排尿機制吧？好讓我多學一門知識傍身！」我眉頭一皺地解說：「談到人類的排尿機制，就更加複雜了！人體的下泌尿道包括膀胱及尿道，膀胱負責儲存由腎臟製造的尿液，成年人可儲存 300 至 500 毫升不等，有時更高達 700 至 800 毫升。當膀胱盛載約 200 毫升尿液時，神經系統便會發出信號至大腦，產生尿意，這時還可以透過收緊

骨盆底肌肉及尿道肌肉忍耐一段時間。

「排尿動作必須結合神經系統與膀胱、尿道、骨盆肌肉和內外括約肌等，人的意識可以控制外括約肌在合適的環境下放鬆，配合副交感神經調控膀胱內的逼尿肌收縮產生壓力，才能順利完成排尿。小便後膀胱正常仍剩下少於 50 毫升的尿液，一般人一天尿量約 1,500 至 2,000 毫升，每次小便量約 250 至 350 毫升，每天排尿次數約 6 至 8 次，應該沒有夜尿才對。在這排尿機制中，任何一環出現問題，便可能引致尿失禁或排尿功能障礙。」

Doris 有所領悟地道：「醫學實在是博大精深，絕對可以造福人群，但也要病者別盲目忍受，忌諱不説，以為年紀大了便是這樣，應該要積極面對，才能得到適切的治療。這個案令我明白尿失禁並非七老八十才發生，也不是生育過的女人才會有，只要認識多一點，盡早尋求專業人士的建議，可以減少不必要的誤解與憂慮。原來一個簡單的小手術或只是藥物治療，便可以將困擾解決，已經能夠大大改善患者的生活質素，避免了病情惡化而對生理和心理造成各種的問題。」

感言結語

經歷過第一本書《蔚美醫言》，再完成第二本書《拆解黑心醫美》時，我曾跟自己說：寫書這工作實在太艱巨，太辛苦了，我還是專心做好醫生的工作吧！那時打算就此「封筆」，沒想到過了不久，新書的諗頭又在腦中盤旋不去！箇中原因相信是由於從事私密治療這十年間，遇上各式各樣的病人，推動我把她們的故事記下來，同時可以積極正面地探討情與性，帶來社會上更廣泛的關注，從而促成《知情知性》的順利誕生。

《知情知性》此書寫來並沒有想像中的容易，過程也絕不輕鬆，比之前的兩部書耗上更多的時間和心力。可能因為當中涉及情感故事的起承轉合，及深層次感情的表達，與前兩本書的理性分析、直述其事和系統拆解截然不同，對一直以科學為本及理性思維的我絕對是一大挑戰，寫來真是有血有汗！此外，私密話題一直是東方社會的忌諱，稍一不慎便會被戴上有色眼鏡，引起不必要的爭議，可見寫這書絕對如履薄冰。

當開始着手寫這三十個情性故事，落筆時總是小心翼翼，心怕泄露了病人的私隱，怎料竟然有病人主動要求我把她的故事寫出來，希望以自身經歷警惕時下女性，不要重蹈她的覆轍。在此感激每位病人的真情表白，分享個人的內心世界，將感情及性事盡訴無

遺；亦感謝診所的姑娘們，願意透露自己及朋友的私密生活，讓我可以有更多不同年齡層的題材；更要多謝家人的支持和諒解，容我經常「不顧家」地在診所戰鬥至三更半夜，才能寫成這部書。

原本並沒有打算邀請朋友寫代序，心想《知情知性》這書內容敏感應該不是易事吧！沒想到當提及此事時，他們都毫不猶豫地立即答應，令人感動萬分！在這裏衷心感謝婦產科專科醫生 Dr Lee Lee、香港理工大學應用生物及化學科技學系助理教授戴自城博士、電視節目《盛女愛作戰》、《嫁到這世界邊端》等編導岑應，在百忙中仍義不容辭地的費神為我這部書寫序。

當中還有很多未能一一細數的朋友，在此由衷一句：謝謝你們！

www.cosmosbooks.com.hk

書　　名	知情知性
作　　者	鄭曉蔚醫生
責任編輯	王穎嫻
美術編輯	郭　當
圖　　片	鄭曉蔚醫生
插　　圖	Dawn Kwok
出　　版	天地圖書有限公司
	香港黃竹坑道 46 號
	新興工業大廈 11 樓（總寫字樓）
	電話：2528 3671　傳真：2865 2609
	香港灣仔莊士敦道 30 號地庫（門市部）
	電話：2865 0708　傳真：2861 1541
印　　刷	亨泰印刷有限公司
	柴灣利眾街 27 號德景工業大廈十字樓
	電話：2896 3687　傳真：2558 1902
發　　行	聯合新零售（香港）有限公司
	香港新界荃灣德士古道 220-248 號荃灣工業中心 16 樓
	電話：2150 2100　傳真：2407 3062
出版日期	2024 年 7 月／初版 · 香港

ISBN：978-988-8551-49-1